Office 高级应用实用教程

主　编　吴建军
副主编　宋荷庆　袁利永

ZHEJIANG UNIVERSITY PRESS
浙江大学出版社

图书在版编目（CIP）数据

Office 高级应用实用教程 / 吴建军主编. —杭州：
浙江大学出版社，2013.8（2019.7 重印）
ISBN 978-7-308-12060-9

Ⅰ.①O… Ⅱ.①吴… Ⅲ.①办公自动化－应用软件
－教材 Ⅳ.①TP317.1

中国版本图书馆 CIP 数据核字（2013）第 189354 号

Office 高级应用实用教程

主　编　吴建军

责任编辑	吴昌雷　王　波
封面设计	刘依群
出版发行	浙江大学出版社
	（杭州市天目山路 148 号　邮政编码 310007）
	（网址：http://www.zjupress.com）
排　版	杭州中大图文设计有限公司
印　刷	浙江省良渚印刷厂
开　本	787mm×1092mm　1/16
印　张	16.75
字　数	408 千
版印次	2013 年 8 月第 1 版　2019 年 7 月第 8 次印刷
书　号	ISBN 978-7-308-12060-9
定　价	38.00 元（含光盘）

前　言

　　计算机技术的发展日新月异,计算机办公软件的应用已融入到我们的学习、工作和生活中。微软公司的 Office 系列软件在办公自动化软件中占据了主导地位,Office 2010 为用户提供了更强的功能、更广的应用领域。同时从 2013 年开始,浙江省高校计算机等级考试实施新大纲。由原来的 Windows XP ＋ Office 2003 过渡到 Windows 7 ＋ Office 2010。大学计算机公共课教学如何改革以适应新形势、新要求是摆在我们教学者面前的实际问题。

　　本书借鉴"CDIO"的相关理念,采用"做中学"、"学中做"的教学方法,以学生为主、教师为辅。让学生在体验中自由掌握技术应用,而非教师"满堂灌"的强行灌输方式。本书按照单元和任务的方式来组织教学内容。全书由 5 个单元和配套光盘共 6 个部分组成。每个单元分成若干个任务。每个单元设定了单元学习任务和学习目标,每个任务基本由任务提出、任务分析、相关知识与技能、任务实施和任务总结共 5 个部分组成。

　　第一单元 Word 2010 高级应用。本单元主要介绍 Word 2010 长文档的设计与排版,以毕业论文的排版为对象,结合应用了样式设计、页面布局、引用等主要功能。同时,安排了批量发送邀请函、协同编辑文档、索引与书签等典型任务,进一步加强了 Word 高级应用的能力。

　　第二单元 Excel 2010 高级应用。本单元以 Excel 多个综合性的应用任务设计为线索,介绍了公式与函数的应用,数据的分类汇总与筛选,外部数据的导入与导出,数据透视图表的设计与应用,图表的创建与使用,工作表及单元格内容的保护等内容。

　　第三单元 PowerPoint 2010 高级应用。本单元对 PowerPoint 的高级功能应用与演示文稿的设计理念相结合,通过较为生动的任务设计,介绍了幻灯片内容的导入,主题的设计与应用,多媒体素材的插入应用,动画效果,幻灯片切换,备注的编辑与应用,幻灯片放映等内容。

　　第四单元 Outlook 2010 高级应用。本单元介绍了电子邮件的基本知识与应用、Outlook 的设置与基本功能,使用 Outlook 实现日常事务管理,以 Outlook 实现电子邮件的各项功能应用。

　　第五单元 VBA 与 VSTO。本单元首先介绍了 Office 宏的录制与应用;其次说明了以 VBA 方式实现对宏的编辑应用;最后,以基础入门的方式介绍了 VSTO 设计,初步实现 Office 的二次开发基本任务。

　　配套光盘配有每个单元任务相关教学素材和资源文档。另外,光盘中配有 AOA 评测软件,以浙江省高校计算机等级考试新大纲为指导、采用类似等级考试模块划分、仿真试题,自动阅卷评价。既可作为课后巩固课堂教学练习之用,同时也可作为学生参加浙江省计算机等级考试考前复习之用。注意:本光盘附带的 AOA 评测软件的使用时长是有限制的,注册激活后,使用时长为 2000 分钟;时间用完后,如需进行续时处理,详情请参见:ht-tp://www.ijsj.net/。

本书由浙江师范大学行知学院计算机公共教学部统一策划、统一组织、集体编写。第一单元由楼玉萍和吕君可编写;第二单元由王丽侠和于莉编写;第三单元由马文静编写;第四、五单元由吴建军编写。教学评测软件由吴建军等设计研发。全书由吴建军负责统稿并担任主编,浙江工商大学杭州商学院宋荷庆老师和浙江师范大学数理与信息工程学院袁利永老师担任副主编。

本书在编写过程中得到了学院相关领导的大力支持和帮助,在此表示感谢。

由于作者水平有限,错误和纰漏在所难免,敬请各位同行和广大读者批评指正。主编邮箱:wjj@zjnu.cn。

编　者

2013 年 7 月

目　　录

第一单元

Word 2010 高级应用

本单元通过四个任务，详细介绍 Office 2010 套件中的文字处理软件——Word 2010 的高级应用，包括版面设计、主控文档和子文档、邮件合并、索引和书签、批注和修订等内容。

本单元包含的学习任务和单元学习目标具体如下：

【学习任务】

- 任务 1.1　毕业论文的排版
- 任务 1.2　批量发送邀请函
- 任务 1.3　多人协同编辑文档
- 任务 1.4　阅读提升——索引与书签

【学习目标】

- 熟悉样式的建立、修改和应用；
- 熟悉版面设计；
- 掌握长文档的编辑方法；
- 掌握邮件合并的功能；
- 掌握索引和书签的插入和使用；
- 掌握批注和修订的应用。

任务 1.1　毕业论文的排版

1.1.1　任务提出

以一篇毕业论文的编排为例，熟悉 Word 2010 高级应用中的版面设计。毕业论文的主要内容包括封面、目录、图目录、表目录、引言、正文各章节、结论、参考文献以及致谢等。鉴于毕业论文对于文档一致性和规范性的严格规定，学院通常会下发格式模板，给出包括字体、段落、间距、页眉和页脚、页码等的明确要求，如图 1-1-1 所示。

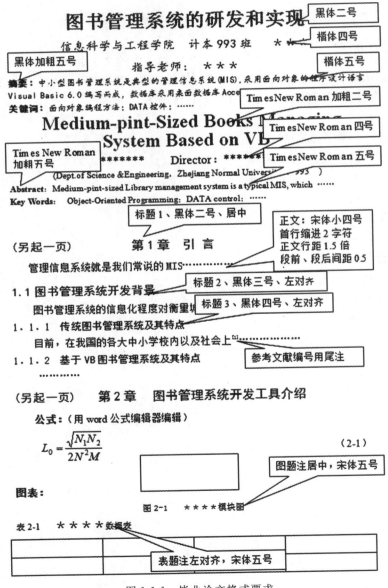

图 1-1-1　毕业论文格式要求

章名采用样式标题1,小节名采用样式标题2,三级标题采用样式标题3,正文用小四号宋体、首行缩进2个字符、行间距1.5倍、段前段后0.5行,文档中的注释用脚注或尾注,图和表的注释用题注。正文每章单独一节,奇数页页眉与章名相同,偶数页页眉与小节名相同,使用域在页面底端添加页码。在正文前插入目录、图目录和表目录等。排版后的论文前几页效果如图1-1-2所示。

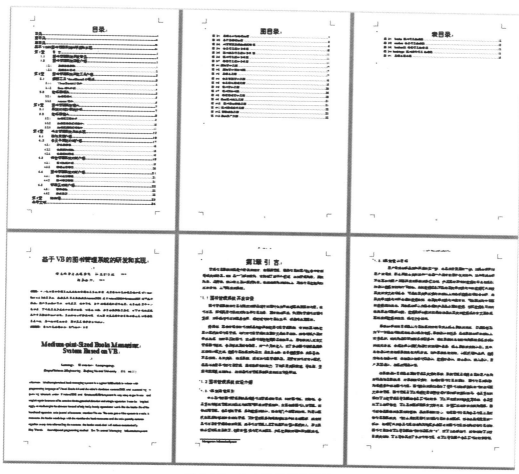

图 1-1-2 论文排版后的效果

1.1.2 任务分析

先了解样式的概念,学会用样式对论文标题和正文进行排版,然后应用脚注、尾注、题注对论文中的文本、表格和图片进行注释,并设置交叉引用,生成目录,继而进一步了解节、页眉和页脚的概念,为论文设置页眉和页脚,并熟悉域及使用。

1.1.3 相关知识与技能

1. Word 2010 简介

（1）Word 2010 界面

Word 2010 的工作界面主要由标题栏、快速访问工具栏、"文件"选项卡、功能区、窗口控制按钮、编辑区、滚动条及状态栏八个部分组成,如图 1-1-3 所示。

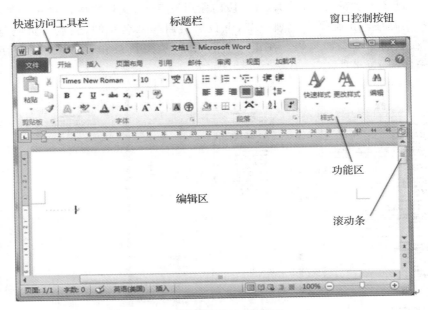

图 1-1-3　Word 2010 界面

①标题栏:显示 Office 应用程序名称和文档名称。

②快速访问工具栏:提供默认的按钮或用户添加的按钮,可以加速命令的执行。相当于早期 Office 应用程序中的工具栏。

③"文件"选项卡:不但包含了早期 Office 版本中的"文件"菜单,执行与文档有关的基本操作(打开、保存、关闭等),而且,"选项"等重要设置也被整合到其中。单击"文件"选项卡后,可以看到微软的"Microsoft Office Backstage"视图。我们可以在 Backstage 视图中管理文件及其相关数据:创建、保存、检查隐藏的元数据或个人信息以及设置选项。简而言之,可通过该视图对文件执行所有无法在文件内部完成的操作。

④功能区:提供常用命令的直观访问方式,相当于早期 Office 应用程序中的菜单栏和命令。功能区由选项卡、组和命令三部分组成,每一组命令右下角有一个按钮叫"对话框启动器",如图 1-1-4 所示。

图 1-1-4　功能区窗口

⑤窗口控制按钮：调整窗口的不同状态，包括最大化、最小化、还原、关闭。

⑥编辑区：编辑数据的主要区域。不同的 Office 组件，其编辑区的外观和使用方法也不相同，例如 Excel 的编辑区由纵横交错的单元格组成，而 Word 则由一个空白页面组成。

⑦滚动条：调整文档窗口中当前显示的内容。

⑧状态栏：显示当前文档的工作状态或额外信息（切换文档视图按钮、调整窗口比例按钮）。

（2）快速访问工具栏

Word 2010 文档窗口中的"快速访问工具栏"用于放置命令按钮，使用户快速启动经常使用的命令。默认情况下，"快速访问工具栏"中只有数量较少的命令，用户可以根据需要添加多个自定义命令，操作步骤如下：

① 在 Word 2010 文档窗口中，单击"文件"→"选项"命令，打开如图 1-1-5 所示的"Word 选项"对话框；

② 单击"快速访问工具栏"选项卡，然后在"从下列位置选择命令"列表中单击需要添加的命令，并单击"添加"按钮，确定即可。

图 1-1-5　"Word 选项"对话框

（3）浮动工具栏

浮动工具栏是 Word 2010 中一项极具人性化的功能，当 Word 2010 文档中的文字处于选中状态时，如果用户将鼠标指针移到被选中文字的右侧位置，将会出现一个半透明状态的浮动工具栏。该工具栏中包含了常用的设置文字格式的命令,如设置字体、字号、颜色、居中对齐等命令。将鼠标指针移动到浮动工具栏上将使这些命令完全显示,进而可以方便地设置文字格式,如图 1-1-6 所示。

图 1-1-6　Word 2010 浮动工具栏

如果不需要在 Word 2010 文档窗口中显示浮动工具栏,可以在"Word 选项"对话框中将其关闭,操作步骤如下:

①在 Word 2010 文档窗口,单击"文件"→"选项"按钮;

②在打开的如图 1-1-7 所示的"Word 选项"对话框中,取消"常规"选项卡中的"选择时显示浮动工具栏"复选框,并单击"确定"按钮即可。

图 1-1-7　"Word 选项"对话框

(4)视图模式

在 Word 2010 中提供了多种视图模式供用户选择,这些视图模式包括"页面视图"、"阅读版式视图"、"Web 版式视图"、"大纲视图"和"草稿视图"等五种视图模式。用户可以在"视图"选项卡中选择需要的文档视图模式,也可以在 Word 2010 文档窗口的右下方单击视图按钮选择视图。

①页面视图。"页面视图"是 Word 默认的视图模式,用于显示文档的打印结果外观,主要包括页眉、页脚、图形对象、分栏、页面边距等元素,产生"所见即所得"的效果,如图 1-1-8 所示。

图 1-1-8　页面视图

②阅读版式视图。"阅读版式视图"以图书的分栏样式显示 Word 2010 文档,"文件"按钮、功能区等窗口元素被隐藏起来。在阅读版式视图中,用户还可以单击"工具"按钮选择各种阅读工具,如图 1-1-9 所示。

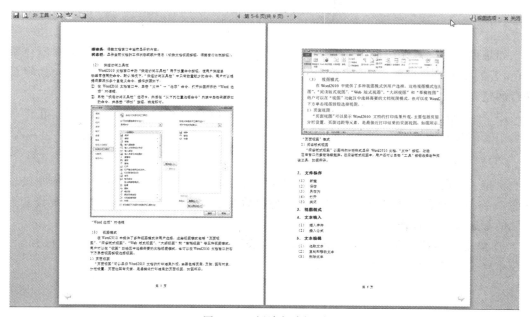

图 1-1-9　阅读版式视图

③Web 版式视图。"Web 版式视图"以网页的形式显示 Word 2010 文档,Web 版式视

图适用于发送电子邮件和创建网页。

④大纲视图。"大纲视图"主要用于 Word 2010 文档的设置和显示标题的层级结构,并可以方便地折叠和展开各种层级的文档。大纲视图广泛用于 Word 2010 长文档的快速浏览和设置中。

⑤草稿视图。"草稿视图"取消了页面边距、分栏、页眉页脚和图片等元素,仅显示标题和正文,是最节省计算机系统硬件资源的视图方式。

2.样式

样式是指一组已命名的格式的组合。图片、图形、表格、文字和段落等文档的元素都可以使用样式。

(1) 图片图形与表格样式

Word 2010 一个显著的特色,就是增加了图片、图形、表格和图表等的样式。在选定以上对象后,会出现"工具格式"或"工具设计"选项卡,提供了一组预设了边框、底纹、效果、色彩等内容的样式,只需在单击对象后,再单击所需的样式即可套用。如图 1-1-10 所示为图片样式。

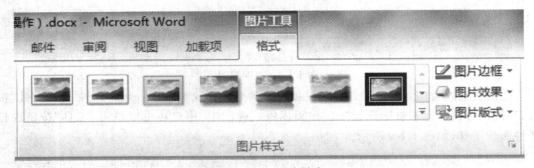

图 1-1-10　图片样式

如果预设的样式无法满足需要,可以自行调整。例如,图片工具预设的边框颜色都是黑色,若需要更改边框颜色,只需单击"图片样式"组中的"图片边框"按钮,即可对边框颜色进行调整。

图形、表格、图表等样式设置和应用与图片样式的设置基本相同,选中对象,在出现的工具中套用或修改样式即可。

(2)列表样式

对论文中的章节采用标题样式时,需设置多级自动编号。如将每一章的章标题设置为标题1,将每一章仅次于章标题的第二层标题设置为标题2,以此类推,可根据需要设置最多九级的标题样式。操作如下:

① 单击"开始"选项卡"段落"组的"多级列表"按钮,出现下拉菜单,如图 1-1-11 所示,有标题字样表示已与标题样式建立关联。

图 1-1-11　"多级列表"样式下拉菜单

② 选择"定义新的多级列表"命令,打开如图 1-1-12 所示的"定义新多级列表"对话框。

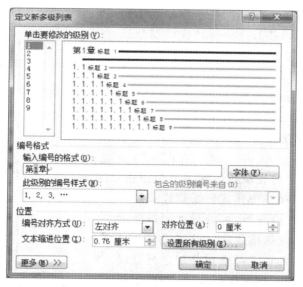

图 1-1-12　"定义新多级列表"对话框

③ 先设定第 1 级编号,选择编号样式为阿拉伯数字"1,2,3,…",在"编号格式"框中,可以在编号两边自行输入文字,如将编号设置为"第 1 章"。

④ 将级别选择为 2,设置第 2 级编号。首先选择"包含的级别编号来自"为"级别 1",可以在输入编号的格式框中看到显示的自动编号数字 1,输入".",在"此级别的编号样式"框中继续选择编号样式为阿拉伯数字,则"编号格式"框中出现"1.1"字样,其中,两个 1 都为自动编号。

⑤ 可用同样方法根据需要设定标题 3。

（3）文字与段落样式

文字和段落是一篇文档的主体，文字和段落样式的设定能够让文档内容更为整齐规范，且内容编排更为便利。相对图形图片和表格样式而言，图片图形和表格样式主要规范的是边框、效果、底纹等内容，而文字和段落样式主要规范字体、段落格式等，且每种样式都有唯一的样式名，并可以设定快捷键。

①样式库。Word 2010 有两类样式库可供选用。一类被称为"快速样式库"，位于"开始"选项卡的"样式"组，如图 1-1-13 所示。快速样式库中默认列出了多种常用样式作为推荐样式，单击右下角的其他（下箭头）按钮可查看更多推荐样式。

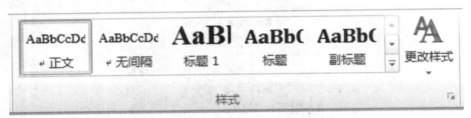

图 1-1-13　快速样式库

另一类是位于"更改样式"右下角的"样式"任务窗格中的样式列表，如图 1-1-14 所示。样式列表默认显示与快速样式库相同的推荐样式，但如果推荐样式无法满足需要，可单击"样式"任务窗格右下角的"选项"按钮，在如图 1-1-15 所示的"样式窗格选项"对话框中，将选择要显示的样式改为"所有样式"，可以查看到相对较为完整的样式列表。在样式列表中，回车符"↵"表示样式类型为段落，字母"a"表示样式类型为字符，"↵a"表示样式类型为链接段落和文字，该样式既可以应用于段落，也可以应用于文字。

在"样式"任务窗格的底端还包含了三个按钮：新建样式、样式检查器和管理样式。新建样式用于新建一个新样式。样式检查器，可以帮助用户显示和清除样式和格式，将段落格式和字符格式分开显示，用户可以对段落格式和字符格式分别进行重设和清除。在样式检查器中，同时还包含"新建样式"按钮。管理样式可以控制快速样式库和"样式"任务窗格的样式显示内容，创建、修改和删除自定义样式。

图 1-1-14　"样式"任务窗格

②样式集。Word 2010 提供了多种风格各异的样式集，单击"开始"选项卡中"更改样式"下的箭头"▾"，便可见样式集，如图 1-1-16 所示。样式集可以将同一文档模板和相同样式用于不同种类的文档。只需应用样式，就可以通过选择快速样式集，快速更改文档的外观。在"开始"选项卡"样式"组中的"更改样式"命令，

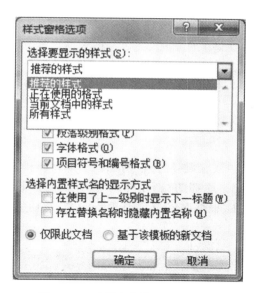

图 1-1-15　"样式窗格选项"对话框

并不是对某种样式进行格式修改,而是在不同的样式库、主题等间进行切换。同样的标题样式在不同样式集中,体现为完全不同的风格。

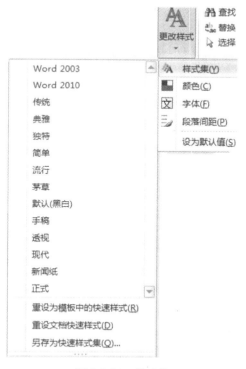

图 1-1-16　样式集

此外,Word 2010 的主题功能还能够为样式集提供字体和配色方案。在应用主题时,同时应用字体方案、配色方案和一组图形效果,主题的字体方案和配色方案将继承到样式集,取得非常好的艺术效果。

（4）样式的创建和应用

Word 2010 为文档部件提供了许多标准样式，称为内置样式。当内置样式不能满足用户需要时，用户可自定义样式。

①新建样式。新建样式一般使用以下三种方法。

方法一：用修改法新建样式。

可以通过"修改"原有样式的方法，建立新样式。修改法处理样式后，原样式名称不变，但其中的一组修饰参数不同。

方法二：使用"根据格式设置创建新样式"对话框创建新样式。

在"样式"任务窗格中，单击底部的"新建样式"按钮，打开"根据格式设置创建新样式"对话框，如图 1-1-17 所示。在"根据格式设置创建新样式"对话框中设置样式的格式后，单击"确定"即可。

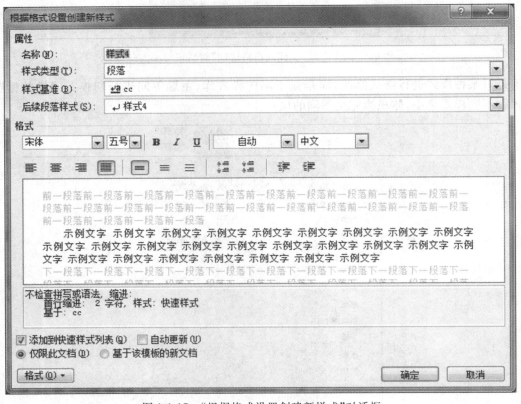

图 1-1-17 "根据格式设置创建新样式"对话框

其中，样式的名称，可以包含空格，但字母区分大小写。样式类型可选择字符、段落、列表、表格、链接段落和字符。如果希望新建的样式在使用过程中修改以后，所有应用该样式的地方都自动更新成修改后的样式，则选取"自动更新"复选框。勾选"添加到快速样式列表"后，"开始"选项卡的样式区域内便可查看到该样式，否则，该样式仅在"样式"任务窗格的列表中存在。

方法三：通过"将所选内容保存为新快速样式"创建新样式。

根据要求设置好文本格式后，单击"样式库"下方的其他按钮，显示全部快速样式，如图

1-1-18 所示。在出现的下拉菜单中,选择"将所选内容保存为新快速样式",在随后弹出的"根据格式设置创建新样式"对话框中,输入样式名称,单击"确定"后,会自动将该样式添加到快速样式库和"样式"任务窗格。

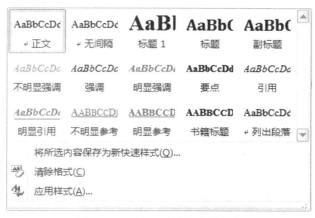

图 1-1-18　展开后的快速样式库

②应用样式。样式创建完成后,可以在快速样式库中和"样式"任务窗格的列表中查看。如需应用样式,可选中相应文字段落或直接将鼠标置于文档中,然后在这两个样式库中选择应用。

也可以在图 1-1-18 的下拉列表中选择"应用样式",出现如图 1-1-19 所示的"应用样式"对话框,在"样式名"框中输入样式名称,或在下拉列表中选择应用的样式,即可完成样式的套用。

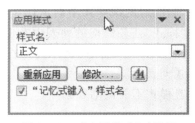

图 1-1-19　"应用样式"对话框

③修改样式。要修改某一样式,同样可以在快速样式库、"样式"任务窗格和"应用样式"对话框中操作,但并不是使用快速样式库右侧的"更改样式"命令。

在快速样式中,右击将要修改的样式名,在下拉菜单中选择"修改",出现如图 1-1-20 所示的"修改样式"对话框,在该对话框中设置样式的格式后,单击"确定"。

若样式已经应用在文字中,则直接修改样式将直接体现在文字中。若样式还未应用,则还需将修改后的样式应用到文字中才能够生效。

"样式"任务窗格的使用方法与快速样式库相同,使用"应用样式"对话框在选定样式后可直接单击"修改"按钮。

④删除样式。当文档不需要某个自定义样式时,可以将该样式删除,文档中原先由删除的样式所格式化的段落改变为"正文"样式。只需在快速样式库或"样式"任务窗格中,选择要删除样式即可,但两者有所区别。

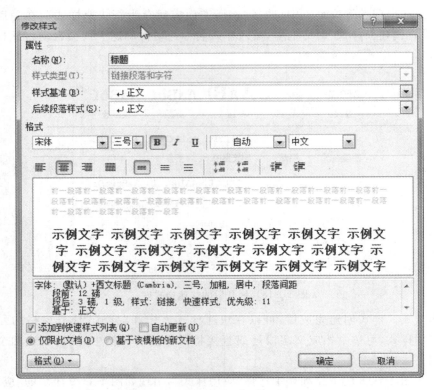

图 1-1-20　"修改样式"对话框

在快速样式库中,可右击要删除的样式,出现如图 1-1-21 所示的菜单,在下拉菜单中选择"从快速样式库中删除"命令。删除后的该样式不会出现在快速样式库中,但在"样式"任务窗格的列表中不会被删除,在"样式"任务窗格的列表中右击该样式,在菜单中选择"添加到快速样式库"后,可重新在快速样式库中查看到该样式。若在如图 1-1-22 所示的菜单中选择"删除"该样式,便会将该样式彻底删除。

注意:Word 2010 提供的内置样式不能被彻底删除。

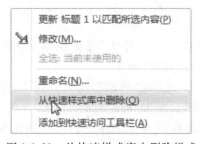

图 1-1-21　从快速样式库中删除样式

图 1-1-22　在"样式"任务窗格中删除样式

⑤清除格式。是指在不删除样式的情况下,将文字的格式全部清除,回归正文样式。有以下三种方法:

◇　选中该段文字,直接在样式库中套用正文样式。

◇　选中该段文字,单击快速样式库右下角的"其他"按钮,在下拉列表中,选择"清除格式"。

◇　选中该段文字,在"样式"任务窗格的样式列表中选择"全部清除"。

若要清除文档中的全部格式,可先使用"Ctrl＋A"全选文档,再使用以上三种方法清除文档格式。但有时可能只需要将应用某个样式的多段文字清除格式,在保留该样式的前提下,可在"样式"任务窗格中,单击该样式右侧的下拉列表,选择"全部删除"。这个命令并不会删除样式,只是将应用该样式的文字的格式全部清除。

3. 脚注和尾注

通常在一篇论文中,作者应该对一些不易了解其含义的专有名词或缩写词作一些注释,或者标注其来源。这些注释可以加在本页下边界或文章结尾,这就是脚注和尾注。脚注和尾注由两个关联部分组成:注释引用标记及与其对应的文字内容。标记可自动编号,也可自定义标记。采用自动编号时,当增删或移动脚注与尾注时,Word 2010 会自动将对应标记重新编号。

(1)插入脚注和尾注

将插入点置于要插入脚注或尾注标记的文本处,单击"引用"选项卡"脚注"组中的"插入脚注"或"插入尾注"(见图 1-1-23),通常,会打开一个如图 1-1-24 所示的"脚注和尾注"对话框,此对话框分三部分:位置、格式和应用更改。

图 1-1-23　"脚注"组　　　　图 1-1-24　"脚注和尾注"对话框

在"位置"区域,若单击"脚注",可以在其后的下拉列表框中选择脚注的位置为"页面底端"和"文字下方";若选择"尾注",可以在其后的下拉列表框中选择尾注的位置为"文档结尾"和"节的结尾"。单击"转换"可以完成脚注和尾注之间的相互转换。

"格式"区域可设置编号的格式及起始编号等。要自定义注释引用的标记,可以在"自定义标记"文本框中键入字符,作为注释引用的标记。也可以单击"符号"按钮,在出现的"符号"对话框中选择作为注释引用标记的符号。与页码设置一样,脚注和尾注也支持节操作,可以在"编号"下拉列表框中,选取编号的方式为连续、每节重新开始编号、每页重新编号等。

"应用更改"区域可设置应用范围为本节、整篇文档。

(2)编辑脚注和尾注

要移动、复制或删除脚注和尾注时,所处理的其实就是注释标记,而非注释文字。

①移动脚注或尾注:选取脚注或尾注的注释标记后,将它拖至新位置。

②删除脚注或尾注：选取脚注或尾注的注释标记后，按 Delete 键。

③复制脚注或尾注：选取脚注或尾注的注释标记后，按住"Ctrl"键，再将它拖至新位置，Word 会自动调整注释编号。

④编辑脚注或尾注：进入草稿视图，查看备注窗格。如需删除脚注或尾注的前横线，只需切换到脚注或尾注分隔符，单击"Delete"即可，如图 1-1-25 所示。

图 1-1-25　草稿视图下的脚注和尾注备注窗格

4.题注和交叉引用

（1）题注

题注是设定在对象的上下两边，为对象添加编号的注释说明，主要针对表格、图片或图形等。"题注"由标签及编号组成，用户可在之后加入说明文字。

①创建题注。将插入点置于要创建题注的位置，选择"引用"选项卡中的"题注"组中的"插入题注"命令，出现如图 1-1-26 所示的"题注"对话框。

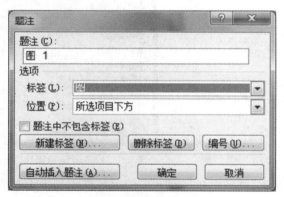

图 1-1-26　"题注"对话框

"图 19"中"图"为标签，19 是自动编号。一般地，图片和图形的题注在其下方，表格的题注在其上方。若 Word 自带的标签不能满足需要，可单击下方的"新建标签"按钮自定义标签。

②自动插入题注。在"题注"对话框中，单击"自动插入题注"，可设置自动插入题注，之后，当每次在文档中插入某个项目或表格对象时，Word 2010 能自动加入含有标签及编号的题注。单击图 1-1-26 中的"自动插入题注"按钮，出现"自动插入题注"对话框，如图 1-1-27 所示。在"插入时添加题注"列表中选择对象类型，然后通过"新建标签"和"编号"按钮，分别决定所选项目的标签、位置和编号方式。设置完成后，一旦在文档中插入设定类型的对象时，Word 2010 会自动根据所设定的格式，为该对象加上题注。如果要中止自动插入题注，可在"自动插入题注"对话框中清除不想自动设定题注的项目。

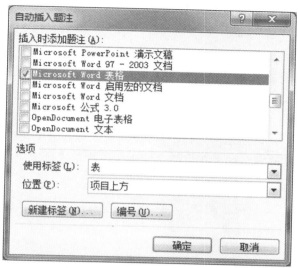

图 1-1-27　"自动插入题注"对话框

（2）交叉引用

交叉引用可以将文档插图、表格、公式等内容，与相关正文的说明内容建立对应关系，用户可以为编号项、书签、题注、脚注和尾注等多种类型进行交叉引用。下面以图的题注的交叉引用为例，加以说明。

单击"引用"选项卡中的"题注"组中的"交叉引用"按钮，出现如图 1-1-28 所示的"交叉引用"对话框。在"引用类型"列表框中选择"图"标签，在"引用内容"列表框中，选取要插入到文档中的有关项目，如"只有标签和编号"，再在"引用哪一个题注"项目列表框中，选定要引用的指定项目，单击"插入"完成设置。

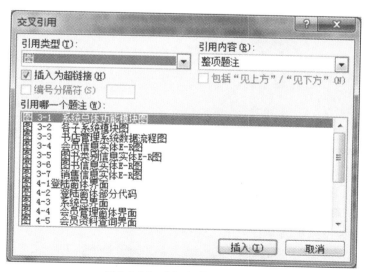

图 1-1-28　"交叉引用"对话框

5.目录

目录就是文档中各级标题以及页码的列表，通常放在文章之前。Word 2010 中设有文档目录、图目录和表目录等多种目录类型。

（1）创建目录

目录的生成主要是基于文字的大纲级别。标题 1 样式中包含了大纲级别 1 级的段落属性，标题 2 样式和标题 3 样式则分别对应 2 级和 3 级。如果论文中的各级标题套用了 Word 内置的标题 1、标题 2 等样式，那可以直接套用内置的目录样式，自动生成目录。

单击"引用"选项卡"目录"组中的"目录"按钮，在如图 1-1-29 所示的列表中，单击"插入目录"命令，出现如图 1-1-30 所示的"目录"对话框，在该对话框中设置目录格式及显示的目录级别等参数后，单击"确定"，便可在当前光标所在位置生成目录。

图 1-1-29　创建目录

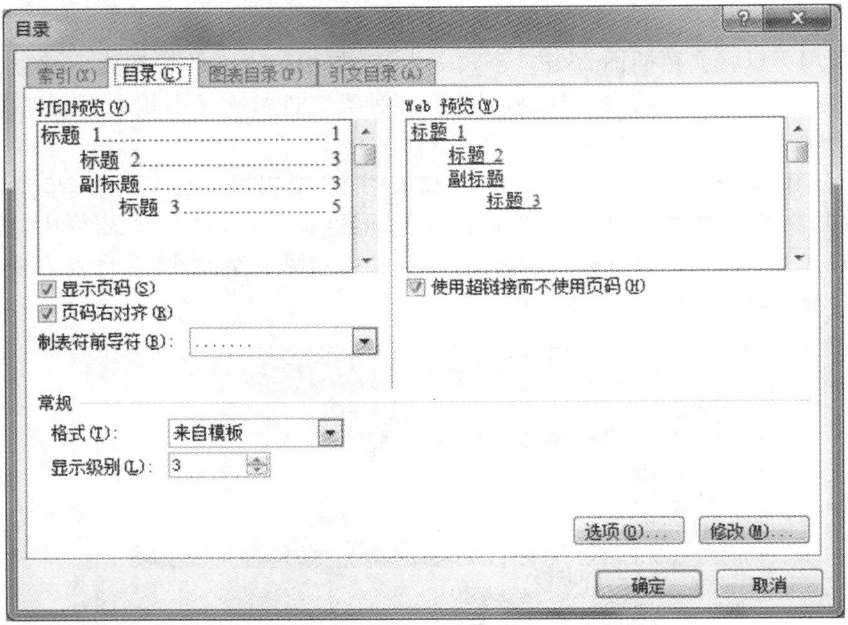

图 1-1-30　"目录"对话框

如果修改了与目录标题对应的文档内的标题内容时，只需右击目录，从弹出的快捷菜单中选择"更新域"命令，然后在打开的如图 1-1-31 所示的对话框中单击"更新整个目录"单选按钮，即可将修改结果更新到目录中。

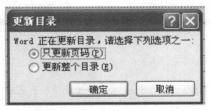

图 1-1-31　"更新目录"对话框

（2）创建图表目录

对于包含有大量插图或表格的书籍或论文,附加一个插图或表格目录,会给用户带来很大方便。图表目录的创建主要依据文中为图片或表格添加的题注。

在"引用"选项卡的"题注"组中,单击"插入表目录"命令后,出现"图表目录"对话框,如图 1-1-32 所示。在该对话框的题注标签列表框中包括了 Word 2010 自带的标签以及用户自建的标签,可根据不同标签创建不同的图表目录。若选择标签为"图",则可创建图目录,若将标签改为"表",就可以生成表目录。

图和表目录的更新同目录。

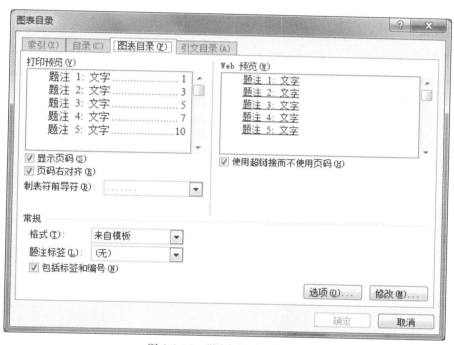

图 1-1-32　"图表目录"对话框

6. 域

域是文档中可能发生变化的数据,包括目录、页码、文档存储日期、作者名、文件存储大小、总字符数等等。通过域可以提高文档的智能性,在无需人工干预的情况下自动完成,例如编排文档页码并统计总页数;按不同格式插入日期和时间并更新;通过链接与引用在活动文档中插入其他文档;编制目录和图表目录;实现邮件的自动合并与打印等等。

域是文档中的变量。它由花括号、域名(域代码)及选项开关构成。域代码类似于公式,域选项并关是特殊指令,在域中可触发特定的操作。

域分为域代码和域结果。域代码是由域特征字符、域类型、域指令和开关组成的字符串;域结果是域代码所代表的信息。域结果根据文档的变动或相应因素的变化而自动更新。域特征字符是指包围域代码的大括号"{}",它不是从键盘上直接输入的,按"CTRL"+"F9"键可插入这对域特征字符。域类型就是 Word 域的名称,域指令和开关是设定域类型如何工作的指令或开关。

例如,域代码{ DATE \ ＊ MERGEFORMAT }为在文档中每个出现此域代码的地方插入当前日期,其中"DATE"是域类型,"\ ＊ MERGEFORMAT"是通用域开关。

用 Word 排版时,若能熟练使用 Word 域,可增强排版的灵活性,减少许多烦琐的重复操作,提高工作效率。

常用快捷键:

显示或者隐藏指定的域代码:"Shift"+"F9"。

显示或者隐藏文档中所有域代码:"Alt"+"F9"。

更新域:"F9"。

锁定域,以防止修改:"Ctrl"+"F11"。

解除锁定:"Ctrl"+"Shift"+"F11"。

(1)域的分类

Word 2010 提供了 9 大类共 73 个域。

①编号。编号域用于在文档中插入不同类型的编号,共有 10 种不同域,见表 1-1。

表 1-1　编号域

域　名	说　明
AutoNum	自动段落编号
AutoNumLgl	正规格式的自动段落编号
AutoNumOut	大纲格式的自动段落编号
Barcode	收信人邮政条码(美国邮政局使用的机器可读地址形式)
ListNum	在段落中的任意位置插入一组编号
Page	当前页码,常用于页眉和页脚中创建页码
RevNum	文档的保存次数
Section	当前节的编号
SectionPage	本节的总页数
Seq	自动序列号,用于对文档中的章节、表格、图表和其他项目按顺序编号

②等式和公式。等式和公式域用于执行计算、操作字符、构建等式和显示符号,共有 4 个域,见表 1-2。

表 1-2　等式和公式域

域　名	说　明
＝(Formula)	计算表达式结果
Advance	将一行内随后的文字的起点向上、下、左、右或指定的水平或垂直位置偏移,用于定位特殊效果的字符或模仿当前安装字体中没有的字符
Eq	删除科学公式
Symbol	插入特殊字符

③链接和引用。链接和引用域用于将外部文件与当前文档链接起来,或将当前文档的

一部分与另一部分链接起来，共有 11 种域，见表 1-3。

表 1-3　链接和引用域

域　　名	说　　　　明
AutoText	插入指定的"自动图文集"词条
AutoTextList	为活动模板中的"自动图文集"词条创建下拉列表，列表会随着应用于"自动图文集"词条的样式而改变
HypeLink	插入带有提示文字的超链接，可以从此处跳转至其他位置
IncludePicture	通过文件插入图片
IncludeText	通过文件插入文字
Link	使用 OLE 插入文件的一部分
NoteRef	插入脚注或尾注编号，用于多次引用同一注释或交叉引用脚注或尾注
PageRef	插入包含指定书签的页码，作为交叉引用
Quote	插入文字类型的文本
Ref	插入用书签标记的文本
StyleRef	插入具有指定样式的文本

④日期和时间。在"日期和时间"类别下有 6 个域，见表 1-4。

表 1-4　日期和时间域

域　　名	说　　　　明
CreateDate	文档的创建日期
Date	当前日期
EditTime	文档编辑时间总计
PrintDate	上次打印文档的日期
SaveDate	上次保存文档的日期
Time	当前时间

⑤索引和目录。索引和目录域用于创建和维护目录、索引和引文目录，共 7 个域，见表 1-5。

表 1-5　索引和目录域

域　　名	说　　　　明
Index	基于 XE 域创建索引
RD	通过使用多篇文档中的标记项或标题样式来创建索引、目录、图表目录或引文目录
TA	标记引文目录项
TC	标记目录项
TOA	基于 TA 域创建引文目录
TOC	使用大纲级别（标题样式）或基于 TC 域创建目录
XE	标记索引项

⑥文档信息。文档信息域对应于文件属性的"摘要"选项卡上的内容,共有 14 个域,见表 1-6。

表 1-6　文档信息域

域　　名	说　　明
Author	文档属性中文档作者的姓名
Commente	文档属性中的备注
DocProterty	插入指定的 26 项文档属性中的一项,而不仅仅是文档信息域类别中的内容
FileName	当前文件的名称
FileSize	文件的存储大小
Info	插入指定的文档属性信息中的一项
Keywords	文档属性信息中的关键字
LastSavedBy	最后更改并保存文档的修改者姓名,来自"统计"信息
NumChars	文档包含的字符数
NumPages	文档的总页数
NumWords	文档的总字数
Subject	文档属性中的文档主题
Template	文档选用的模板名
Title	文档属性中的文档标题

⑦文档自动化。大多数文档自动化域用于构建自动化的格式,该域可以执行一些逻辑操作并允许用户运行宏、为打印机发送特殊指令转到书签。它提供 6 种域,见表 1-7。

表 1-7　文档自动化域

域　　名	说　　明
Compare	比较两个值。如果比较结果为真,返回数值 1;如果为假,则返回数值 0
DocVariable	插入赋予文档变量的字符串。每个文档都有一个变量集合,可用 VBA 编程语言对其进行添加和引用。可用此域来显示文档中文档变量内容
GotoButton	插入跳转命令,以方便查看较长的联机文档
If	比较两个值,根据比较结果插入相应的文字。If 域用于邮件合并主文档,可以检查合并数据记录中的信息,如邮政编码或账号等
MacroButton	插入宏命令,双击结果时运行宏
Print	将打印命令发送到打印机,只有在打印文档时才显示结果

⑧用户信息。用户信息域对应于"选项"对话框中的"用户信息"选项卡,共 3 个域,见表1-8。

表 1-8 用户信息域

域 名	说 明
User Address	"用户信息"中的通信地址
User Initials	"用户信息"中的缩写
UserName	"用户信息"中的姓名

⑨邮件合并。邮件合并域用于合并"邮件"对话框中选择"开始邮件合并"后出现的文档类型以构建邮件。"邮件合并"类别下共 14 个域,见表 1-9。

表 1-9 邮件合并域

域 名	说 明
AddressBlock	插入邮件合并地址块
Ask	提示输入信息并指定一个书签代表输入的信息
Compare	同文档自动化域中的 Compare
Database	插入外部数据库中的数据
Fillin	提示用户输入要插入到文档中的文字,用户的应答信息会打印在域中
GreetingLine	插入邮件合并问候语
If	同文档自动化域的 If
MergeField	在邮件合并主文档中将数据域名显示在"《》"形的合并字符之中
MergeRec	当前合并记录号
MergeSeq	统计域与主控文档成功合并的数据记录数
Next	转到邮件合并的下一个记录
NextIf	按条件转到邮件合并的下一个记录
Set	定义指定书签名所代表的信息
SkipIf	在邮件合并时按条件跳过一个记录

(2)插入域

在文档中插入域,可通过"插入"选项卡的,在"文本"组中单击"文档部件"→"域",出现如图 1-1-33 所示的域对话框。

在"域"对话框中选择域的类别和域名,便可在当前位置插入域。

(3)更新域

为保证文档的显示或打印输出是最新的域结果,必须进行更新域的操作,对 Word 选项进行必要的设置。

①打印时更新域。单击"文件"→"选项",打开如图 1-1-34 所示的"Word 选项"对话框,单击"显示"选项卡,选中"打印前更新域"复选框,文档输出时会自动更新文档中所有的域。

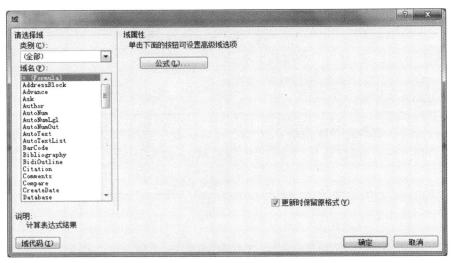

图 1-1-33　插入"域"对话框

图 1-1-34　"Word 选项"对话框

②手动更新域。选择要更新的域或包含所有要更新域的文本块,通过快捷菜单"更新域"或按下快捷键"F9",可手动更新域。

7.分节

若要在文档中设置不同的页面格式,包括页边距、纸张大小、纸张方向以及页眉和页脚,就需要对文档进行分节。分节操作主要通过插入分节符来实现。

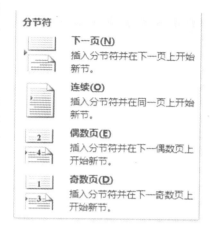

图 1-1-35 "分节符"列表框

(1)插入分节符

单击"页面布局"选项卡的"分隔符",会出现如图 1-1-35 所示的下拉菜单,选择所需的分节符,便可在当前光标所在位置插入一个分节符(双虚线),将原来的文档分成两节。节的类型有四种:

①下一页:插入分节符后的新的节另起一页。

②连续:分节后文档连续在同一页上。

③偶数页:插入分节符后新的节从偶数页开始。

④奇数页:插入分节符后新的节从奇数页开始。

(2)改变分节符类型

在草稿视图中,双击已插入的分节符,会出现如图 1-1-36 所示的"页面设置"对话框,在对话框的"版式"选项卡中,可以更改分节符的类型。

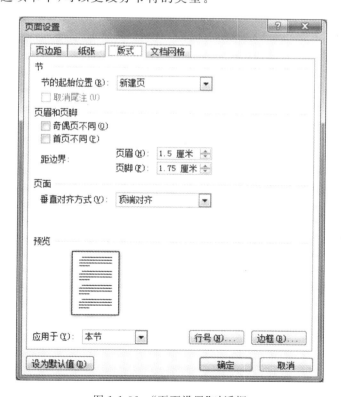

图 1-1-36 "页面设置"对话框

在"版式"选项卡中,设置"节的起始位置",即该节的开始页。下拉列表中"新建页"表示下一页分节符,"接续本页"表示设为连续分节符,"偶数页"、"奇数页"也分别对应偶数页分节符和奇数页分节符。

8.页眉、页脚和页码

分节后的文档页面,可以对节进行个性化的页眉和页脚设置,不同节的页眉和页脚都可以不同。

页眉和页脚的内容可以是任意输入的文字、日期、时间、页码,甚至图形等,也可以插入域,实现页眉和页脚的自动化编辑。

(1)页眉和页脚

插入页眉和页脚,可利用"插入"选项卡中的"页眉"和"页脚"来完成。

选择"插入"选项卡中的"页眉"按钮。可在下拉菜单中选择预设的页眉样式,这些样式存放在页眉库中。也可单击"编辑页眉",进入页眉编辑区域,屏幕上会显示如图 1-1-37 所示的"页眉和页脚工具"设计选项卡。用户可在页眉区输入页眉的文字,或利用"页眉页脚工具"插入日期和时间、图片等。如需插入域,可选择"页眉和页脚"工具栏的"文档部件"下拉列表中的"域"。单击"页眉和页脚"工具栏中的"关闭页眉和页脚",可退出页眉页脚编辑状态。

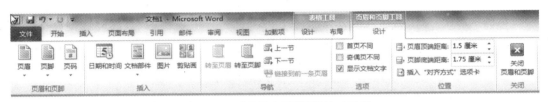

图 1-1-37 "页眉和页脚"设计工具栏

当文档被分成多节时,进入编辑页眉区域后,会在"页眉和页脚工具"栏上显示"链接到前一条页眉"的按钮,单击该按钮可取消或建立本节与前一节页眉/页脚的链接关系。

页眉和页脚建立后,在页眉和页脚区域直接双击,可进入页眉和页脚的编辑状态。

若在"页眉和页脚"设计工具栏中,勾选"首页不同",则进入页眉编辑状态,页面顶部首选显示"首页页眉"字样,底部显示"首页页脚"字样,其他页中则显示"页眉"和"页脚",只要在相应页眉和页脚区域输入相应内容即可。勾选"奇偶页不同"时,将分别显示"奇数页页眉"、"奇数页页脚"和"偶数页页眉"、"偶数页页脚"字样。

如需删除页眉和页脚,可单击"插入"选项卡"页眉和页脚"组中的"页眉"或"页脚",选择下拉菜单中的删除页眉/页脚即可。或是直接双击页眉和页脚区域,在编辑状态下删除页眉或页脚的内容。

注意:在多节的文档中,若未断开与前一节的链接,对页眉和页脚的操作,会影响到前一节的页眉和页脚。

(2)页码

Word 2010 具有较为强大的页码编号功能。用户可以将页码放在任意标准位置上:页面顶端(页眉)、页面底部(页脚),也可以采用多种对齐方式,还可以设置多种样式的多重页码格式。

①创建页码。通过"插入"选项卡中的"页码"按钮，或是在页眉和页脚编辑状态中单击"页眉和页脚"设计工具栏中的"页码"按钮，都可以创建页码。

若需要用域的方式插入页码，则在"页眉和页脚"设计工具栏中单击"文档部件"→"域"，在"域"对话框中，选择域的类别和名称，单击确定即可。

②设置页码格式。选择"插入"选项卡中的"页码"按钮，在如图 1-1-38 所示的下拉菜单中选择"设置页码格式"，可见如图 1-1-39 所示的对话框。

图 1-1-38 "插入页码"下拉菜单

图 1-1-39 "页码格式"设置

在"编号格式"下拉列表中显示了多种页码格式，如阿拉伯数字、小写字母、大写字母、小写罗马数字、大写罗马数字等，选择需要的页码格式即可。

若要创建包含章节号的页码，例如 1-12 表示第 1 章的第 12 页，可勾选"包含章节号"，但这类页码格式要求章节用标题样式创建。

如果在"页码编号"中选择"续前节"，则表示这一节的页码在上一节的基础上连续编号，如果需要对本节重新编号，则选择"起始页码"，并输入本节中首页的起始页码。

1.1.4 任务实施

1. 设置章节标题格式

对论文中的标题套用标题样式，并进行自动编号。将章的编号格式设置为第 X 章（X 为自动序号，阿拉伯数字），对应级别 1，黑体二号、居中，小节名编号格式设置为 X.Y（X 为章的序号，Y 为节的序号，如 1.1），对应级别 2，黑体三号、左对齐显示。操作步骤：

（1）单击"开始"选项卡"段落"组的多级列表按钮，在出现的下拉列表中选择"建立新的多级列表"命令，打开"建立新多级列表"对话框。

（2）先设定第 1 级编号，选择编号样式为阿拉伯数字"1,2,3,…"，然后在"输入编号的格式"框中的自动编号"1"的左右分别输入"第"和"章"。

（3）将级别选择为 2，设置第 2 级编号。首先选择"包含的级别编号来自"为"级别 1"，可以在输入编号的格式框中看到显示的自动编号数字 1，输入"."，在"此级别的编号样式"框中继续选择编号样式为阿拉伯数字，则"编号格式"框中出现"1.1"字样，其中，第 1 个"1"为章的序号，第 2 个"1"为节的序号。

（4）如果需要，可用同样方法设定标题 3，单击"确定"。

（5）单击"开始"选项卡"样式"组中的样式启动框，打开如图 1-1-40 所示的"样式"任务窗格。

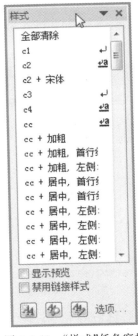

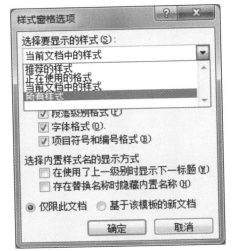

图 1-1-40　"样式"任务窗格　　　　图 1-1-41　"样式窗格选项"对话框

（6）在"样式"任务窗格中，单击"选项"按钮，打开如图 1-1-41 所示的对话框，选择"显示所有样式"，这些，可以在样式任务窗格中看见"标题 2、标题 3……"等样式。

（7）右击"标题 1"，在下拉菜单中选择"修改"，出现如图 1-1-42 所示的修改样式对话框，选择黑体二号、居中。

（8）右击"标题 2"，用同样方法修改标题 2 样式为黑体三号、左对齐，如果需要，用同样方法修改标题 3 的样式。

（9）将以上修改后的标题 1、标题 2、标题 3 样式应用到论文中所有章和节的标题中。

2．设置论文正文格式

使用样式，设置论文正文格式。其中，中文字体为"宋体"，西文字体为"Times New Roman"，字号小四，首行缩进 2 字符，段前段后间距为 0.5 行，行距 1.5 倍。操作步骤如下：

（1）将光标置于论文正文中，单击"样式"任务窗格中的"新建样式"按钮。

（2）在"根据格式设置创建新样式"对话框中，输入样式名称，如"样式 1234"，样式类型选择"段落"，"样式基准"设置为"正文"，如图 1-1-43 所示。

（3）在以上对话框中，单击"格式"→"字体"，设置中文字体为宋体小四号，西文字体为"Times New Roman"，字号小四；再单击"格式"→"段落"，设置首行缩进 2 字符，段前段后间距分别为 0.5 行，行间距 1.5 倍，单击"确定"。

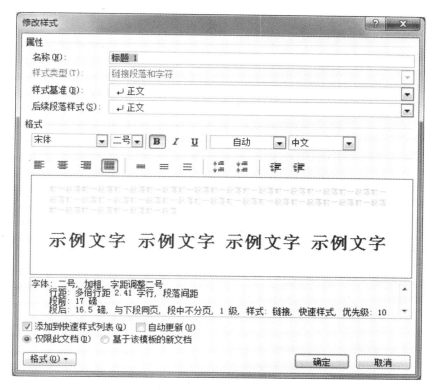

图 1-1-42　"修改样式"对话框

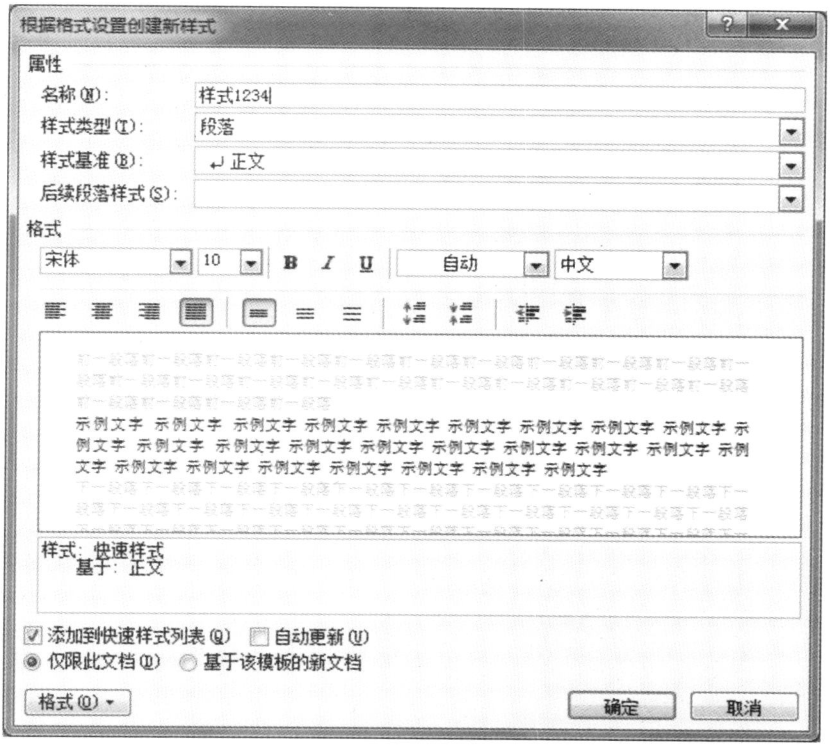

图 1-1-43　新建"样式 1234"

（4）选中正文,用格式刷将以上新建的"样式1234",应用到全文无编号的论文正文中,不包括章名、小节名、表的文字、题注、脚注和尾注。

3. 为图表建立题注

对正文中的图添加题注"图X-Y",位于图下方,居中。其中,X为章的序号,Y为图在章中的序号(如第1章中的第2幅图,题注编号为1-2),图的说明使用图下一行的文字,图居中,表的说明使用图上一行的文字,左对齐。操作步骤:

（1）将光标置于要插入题注的位置。

（2）单击"引用"选项卡中的"插入题注"按钮。

（3）在"题注"对话框中,新建"图"的标签(假设无"图"标签)。

（4）单击"编号"按钮,在如图1-1-44所示的"题注编号"对话框中,勾选"包含章节号"复选框,单击"确定"完成。

可用同样方法,为正文中的表格添加题注。

4. 交叉引用图和表的题注

将正文中"如下图"所示,改为"如图X-Y"所示,"如下表"所示,改为"如图表X-Y"所示。其中"X-Y"为图或表的题注的编号。图的交叉引用操作步骤:

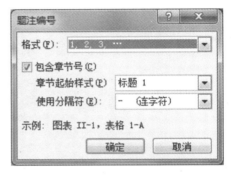

图1-1-44 "题注编号"对话框

（1）选中"下图"两字,单击"插入"选项卡中的"交叉引用"按钮,在"交叉引用"对话框中选择引用的类型为"图",引用内容为"只有标签和编号"。

（2）选择需要引用的题注后,单击"插入"即可。

表的题注的交叉引用同图,只需要将以上"图"改为"表"即可。

5. 添加脚注

在正文中首次出现"MIS"的地方插入脚注"Management Information System 的简称,即信息管理系统",置于本页结尾。操作步骤:

（1）单击"引用"选项卡的"插入脚注"按钮,在本页底端会自动产生阿拉伯数字编号。

（2）在脚注位置输入脚注的内容。

如需删除脚注,则只需删除文档中的脚注标记即可。

6. 对论文分节

在正文前按序插入两个分节符,每节另起一页,用于插入目录、图目录、表目录。将正文的各章单独分成节,每节从奇数页开始。操作步骤:

（1）将光标定位于正文最前面,单击"页面布局"选项卡中的"分隔符"。

（2）在下拉菜单中选择"下一页"分节符。

（3）再次单击"页面布局"选项卡中的"分隔符",在下拉菜单中选择"下一页"分节符,便可在正文前插入两个"下一页"的分节符。

（4）将光标放在论文正文中的"第1章"处,用同样方法完成对正文各章节的分节,节的类型选择"奇数页"。

7. 生成目录

利用 Word 提供的目录功能，自动生成总目录、图目录和表目录，分别放在前三页中，标题使用标题 1 样式，居中。操作步骤如下：

(1)将光标置于第一节中，输入标题“目录”，居中，若出现“第 1 章”等字样，选中，将其删除便可。然后单击“引用”选项卡中的“目录”按钮，在下拉菜单中选择“插入目录”，便可在当前光标位置生成文档总目录。

(2)将光标移至第二节，输入标题“图目录”，居中，然后单击“引用”选项卡中的“插入表目录”按钮，在“图表目录”对话框中选择“图”标签，确定，便可完成图目录的插入。

(3)将光标移至第三节，输入标题“表目录”，居中，然后单击“引用”选项卡中的“插入表目录”按钮，在“图表目录”对话框中选择“表”标签，确定，便可完成表目录的插入。

以上操作完成文档总目录、图目录和表目录的插入，完成后的效果图如图 1-1-45、图 1-1-46、图 1-1-47 所示。

目录

目录……i
图目录……ii
表目录……iii
基于 VB 的图书管理系统的研发和实现……iv
第 1 章　引 言……1
1.1　图书管理系统开发背景……1
1.2　图书管理系统建设介绍……1
1.2.1　系统建设原则……1
1.2.2　系统设计目标……2
第 2 章　图书管理系统开发工具介绍……3
2.1　编程工具 VisualBasic6.0 概述……3
2.1.1　VisualBasic6.0 简介……3
2.1.2　Data 控件介绍……4
2.2　数据库概论……5
2.2.1　数据库技术……5
2.2.2　Access 简介……5
第 3 章　图书管理系统设计……7
3.1　系统功能与模块分析……7
3.2　数据库设计……8
3.2.1　数据库需求分析……9
3.2.2　数据库概念结构设计：……10
3.2.3　数据库逻辑结构设计……11
第 4 章　书店管理系统具体实现……15
4.1　登陆界面介绍……16
4.2　会员子系统功能介绍……17
4.2.1　新会员登记……18
4.2.2　会员资料修改……18
4.2.3　会员资料查询……19
4.3　销售管理系统功能介绍……19
4.3.1　售书功能介绍……19
4.3.2　查询出售信息……20
4.4　图书管理系统功能介绍……21
4.4.1　图书类别管理……21
4.4.2　图书信息管理……21
4.5　管理员功能介绍……22
4.5.1　密码修改……22
4.5.2　添加用户……22
第 5 章　结束语……23

图 1-1-45　论文目录

图目录

图 1-1-46　图目录

表目录

图 1-1-47　表目录

8.添加页眉

使用域,为正文添加页眉,奇数页页眉为"章序号"+"章名",偶数页页眉为"节的序号"+"节名",居中显示。操作步骤:

(1)将光标置于正文的第一节中,单击"插入"选项卡中的"页眉"按钮,在出现的下拉菜单中选择"编辑页眉",进入页眉区。

(2)单击"页眉和页脚"工具设计窗口中的"链接到前一条页眉"按钮,脱离本节与上一节的关联;再单击"奇偶页不同"复选框,以设置不同的奇偶页页眉。

(3)将光标置于"奇数页页眉"区。

(4)单击"页眉和页脚"工具设计窗口中的"文档部件",在出现的下拉菜单中选择"域",在出现的"域"对话框中,选择域的类别为"链接和引用",域名为"StyleRef",样式名为"标题1",并勾选"插入段落编号"复选框,如图 1-1-48 所示。

(5)将上一步操作重复一遍,但取消"插入段落编号"复选框,只插入标题 1。

经过以上操作,即可以在奇数页页眉区插入标题 1 编号和内容,如"第 1 章引言"字样。

将光标置于"偶数页页眉"区，单击"链接到前一条页眉"按钮，取消与上一节的关联，然后，重复步骤（4）～（5），但需把其中"标题1"改为"标题2"，即可以在偶数页页眉区插入标题2的编号和内容，单击"关闭页眉和页脚"退出页眉和页脚的编辑。

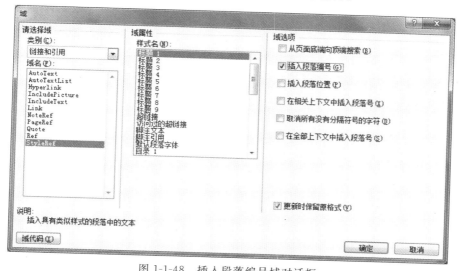

图 1-1-48　插入段落编号域对话框

9.添加页脚

使用域，在页面底端插入页码，正文前的节采用"i，ii，iii，…"格式，正文中的节采用"1，2，3，…"格式，页码连续居中显示。操作步骤：

（1）将光标置于第一节中，单击"插入"选项卡中的"页脚"按钮，在出现的下拉菜单中选择"编辑页脚"，光标到达奇数页页脚区。

（2）单击"页眉和页脚"工具设计窗口中的"文档部件"，在出现的下拉菜单中选择"域"。

（3）在如图 1-1-49 的"域"对话框中，选择域的类别为"编号"，域名为"Page"，页码格式选择罗马字符，即可以在当前光标位置插入页码，如果页码没有出现罗马字符格式，需右击页码，在快捷菜单中选择"设置页码格式"，在页码格式对话框中，再次选择罗马字符格式。

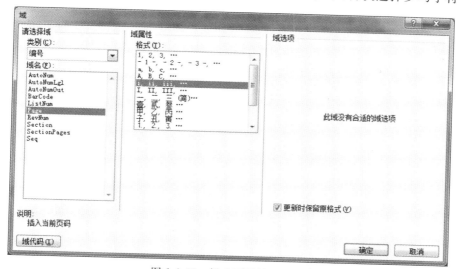

图 1-1-49　插入页码域对话框

第二节、第三节的页码设置同上。

设置正文中的页码时,需要将光标定位于正文中,在进入页脚编辑区后,先单击"页眉和页脚"工具设计窗口中的"链接到前一条页眉",取消与上一节的关联,再使用域插入页码。

1.1.5 任务总结

论文的编辑和排版,是每个在校大学生必须经历的,也是 Word 2010 最常用的功能之一,但本任务只是罗列了 Word 2010 的部分功能,对于本任务中没有涉及的其他功能,读者可参考后续任务,或到书店和网上搜集相关资料,进行拓展学习。

任务 1.2 批量发送邀请函

1.2.1 任务提出

某大学某班准备在近期召开一次家长会,班委会决定给班级每位同学家长发送一封邀请函,邀请其在规定时间内来校参加家长会。由于有些家长不使用邮件,故邀请函以纸质方式寄出。

1.2.2 任务分析

由于班级人数较多,而且邀请函的主体内容大体相同,利用 Word 中"邮件合并"功能来完成该项工作,可以提高工作效率。本任务完成后的效果如图 1-2-1 所示。

图 1-2-1 邀请函效果图

1.2.3 相关知识与技能

1. 邮件合并

"邮件合并"是 Office 办公系统中用来对大量数据进行批处理的有效途径。除了可以批量处理信函、信封等与邮件相关的文档外，还可以轻松地批量制作标签、工资条、成绩单等。一般来说，邮件合并需要两个文档：一个 Word 文档，包括所有文件共有内容的主文档（比如未填写的信封等）和一个包括变化信息的数据源，比如 Excel 表、Access 数据表等，然后使用邮件合并功能在主文档中插入变化的信息，合成后的文件用户可以保存为 Word 文档，可以打印出来，也可以以邮件形式发出去。

邮件选项卡主要功能如图 1-2-2 所示。

图 1-2-2 "邮件"选项卡

创建：用来创建信封和标签，单击"中文信封"启动信封制作向导。

开始邮件合并：启动邮件合并，创建一个要多次打印或通过电子邮件发送，并且每份要发送给不同收件人的套用信函。

选择收件人：用来选择数据源，选取收件人后，"编写和插入域"选项激活，用于添加收件人列表中的域，完成邮件合并后，Word 会将这些域替换为收件人列表中的实际信息。

完成并合并：完成邮件合并。可以为每份信函单独创建文档，并将所有文档直接发送到打印机，或通过电子邮件形式进行发送。

2. 数据源

在"邮件合并"中，只要能够被 SQL 语句操作控制的数据皆可作为数据源。常见的数据源可以是 Excel、Access 或 Outlook 中的联系人记录表。

3. 范本文件

（1）文字排版

文字方向主要有水平与垂直两种，可在"页面布局"选项卡中选择文字方向进行设置。文字的居中也有水平与垂直之分。默认情况下，"开始"选项卡中居中图标表示水平居中，要设置垂直居中，则需进入"页面设置"→"版式"→"页面"中进行设置。

（2）分节

在建立新文档时，Word 将整篇文档默认为一节，在同一节中只能应用相同的版面设计。通过在 Word 2010 文档中插入分节符，可以将 Word 文档分成多个部分。每个部分可以有不同的页边距、页眉页脚、纸张大小等不同的页面设置。在本任务中，邀请函范本文件中需要为不同页面设置不同格式，因此，需要用到"下一页"分节符。

方法：在"页面布局"选项卡，"页面设置"选项组中单击"分隔符"按钮，在打开的分隔符列表中，选择"下一页"分节符。

1.2.4 任务实施

1.建立数据源

启动 Microsoft Excel 2010 软件,创建"学生名单.xlsx"文件,如图 1-2-3 所示。

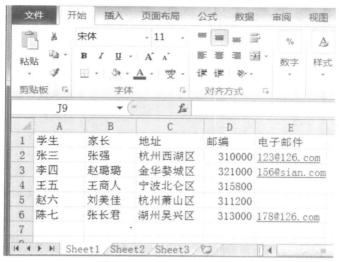

图 1-2-3 数据源 Excel 文件

2.建立邀请函范本文件

(1)启动 Microsoft Word 2010 软件,输入"邀请函",在"开始"选项卡的"字体"选项组中设置"邀请函"字体为隶书、72 号字,"段落"选项组中设置文字居中显示。结果如图 1-2-4 所示。

图 1-2-4 邀请函效果图

(2)单击"页面布局"选项卡,在"页面设置"选项组中设置文字方向为垂直。如图 1-2-5

所示。

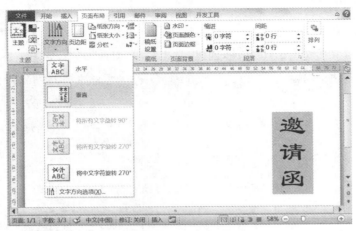

图 1-2-5　更改文字方向

（3）打开"页面设置"窗口，单击"版式"标签，在页面中设置"垂直对齐方式"为"居中"。如图 1-2-6 所示。

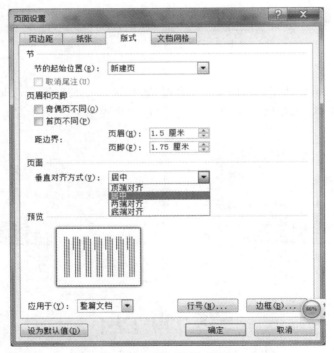

图 1-2-6　页面设置对话框

（4）将光标定位于"邀请函"后，切换到"页面布局"选项卡，在"页面设置"选项组中单击"分隔符"按钮，选择分节符中的"下一页"。如图 1-2-7 所示。

（5）改变文字方向为"水平"，字体设置为"宋体，四号"，页面"垂直对齐方式"为"顶端对齐"，设置段落为"左对齐"。如图 1-2-8 所示，输入"邀请函"正文文本内容。

图 1-2-7   选择"下一页"分节符

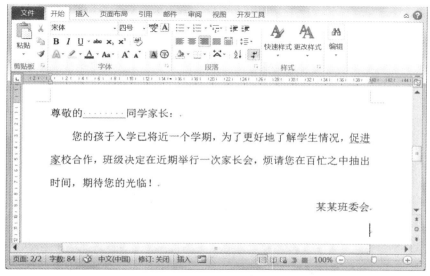

图 1-2-8   邀请函正文文本

（6）在光标所在处，选择"插入"选项卡"文本"选项组中的"文档部件"，在下拉框中单击"域"，弹出"域"对话框，在图 1-2-9 中，选择"Date"域以及日期格式，单击"确定"按钮，插入系统当前时间。

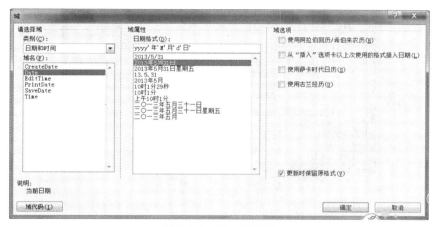

图 1-2-9   插入时间域

（7）光标定位于时间后，插入"下一页"分节符，在产生的新页中输入班会召开的时间与地点等信息。

（8）插入"下一页"分节符，输入"敬请光临"。字体隶书，50 号字，上下左右居中，文字方向为"垂直"。

（9）如图 1-2-10 所示，选择"页面布局"中的"页面设置"，在弹出的如图 1-2-11 所示的"页面设置"对话框中，设置纸张为 A4 纸，纸张方向为"横向"，页码范围为"书籍折页"。至此，可实现将"邀请函"双面打印在一张 A4 纸上。

图 1-2-10 选择页面设置命令

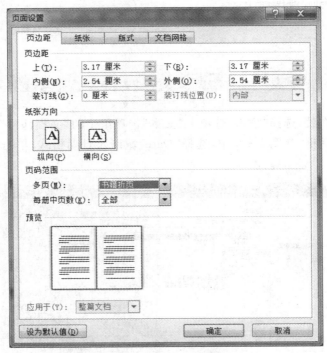

图 1-2-11 设置书籍折页

3.将数据源合并到主文档

（1）选择"邮件"选项卡中的"选择收件人"，在下拉列表中选择"使用现有列表"，如图 1-2-12所示。

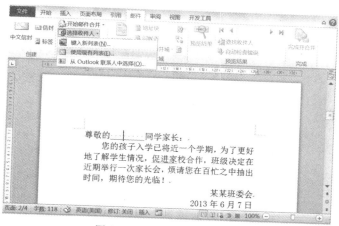

图 1-2-12 选择收件人命令

（2）在弹出的"选取数据源"对话框中，选择步骤 1 中的"学生名单.xlsx"文件，选取 Sheet1，单击"确定"，如图 1-2-13 所示。

图 1-2-13 选择工作表

（3）光标定位于"尊敬的同学家长"的横线处，选择邮件选项卡中的"插入合并域"，选择"学生"。如图 1-2-14 所示。

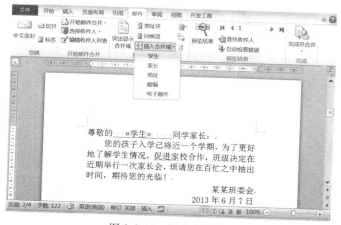

图 1-2-14 插入合并域

(4)在"邮件"选项卡的"完成"选项组中,单击"完成并合并"下三角按钮,在随即打开的下拉列表中执行"编辑单个文件"或"打印文档"或"发送电子邮件"命令。

图 1-2-15 为选择"编辑单个文档"命令后产生的效果图。

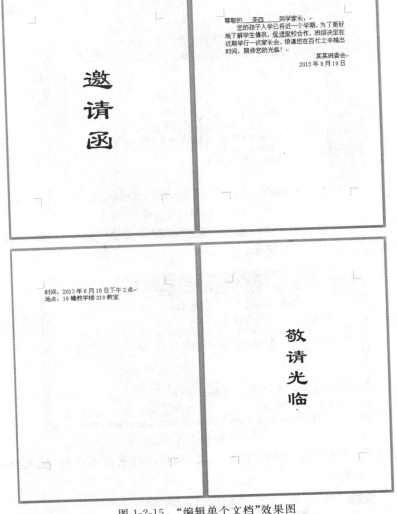

图 1-2-15　"编辑单个文档"效果图

图 1-2-16 为选择"发送电子邮件"命令后邮箱中看到的效果图,本节内容请参考第四单元 OutLook 高级应用。

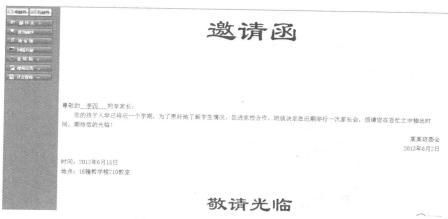

图 1-2-16　"发送电子邮件"效果图

4.创建信封

如果在上一步中选择"发送电子邮件"命令,则以下步骤可以省略。

(1)打开 Word 2010 文档窗口,切换到"邮件"选项卡,在"创建"选项组中单击"中文信封"按钮。如图 1-2-17 所示。

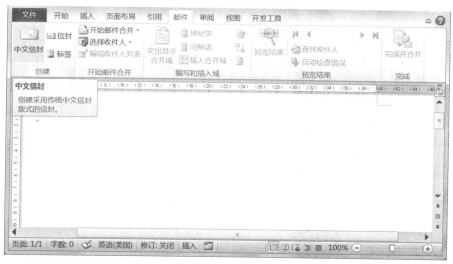

图 1-2-17　创建"中文信封"

(2)打开"信封制作向导",在开始页面中单击"下一步"按钮,如图 1-2-18 所示。

(3)在"选择信封样式"页面中,单击"信封样式"下拉三角按钮,在"信封样式"下拉列表中选择符合国家标准的信封型号。如"国内信封－DL(220×110)",其他按需求进行选择。设置完毕单击"下一步"按钮,如图 1-2-19 所示。

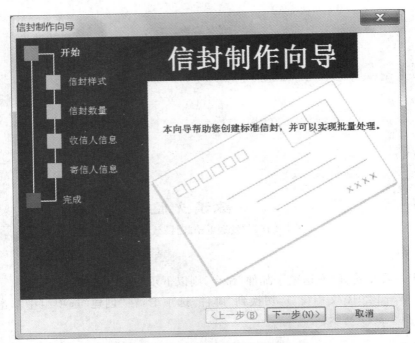

图 1-2-18 开始信封制作向导

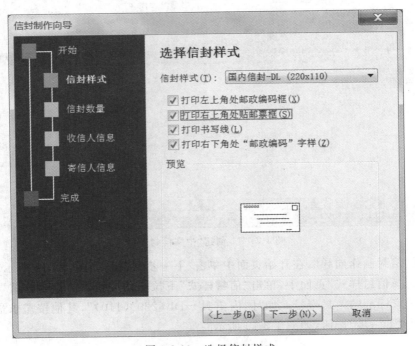

图 1-2-19 选择信封样式

(3)在"选择生成信封的方式和数量"页面,选中"基于地址簿文件,生成批量信封"单选按钮,然后单击"下一步"按钮,如图 1-2-20 所示。

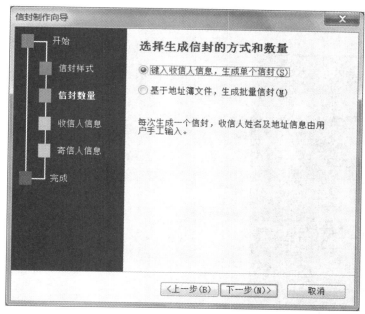

图 1-2-20　选择信封数量

（4）在"从文件中获取并匹配收信人信息"页面中单击"选择地址簿"按钮。在随即打开的"打开"对话框中，单击右下角处的"Test"下三角按钮，将文件类型更改为"Excel"。浏览选择"学生名单.xlsx"文件。

返回到"信封制作向导"对话框，单击"姓名"右侧的"未选择"下三角按钮，在随即打开的下拉列表中选择"家长"选项。其他选项设置如图 1-2-21 所示。

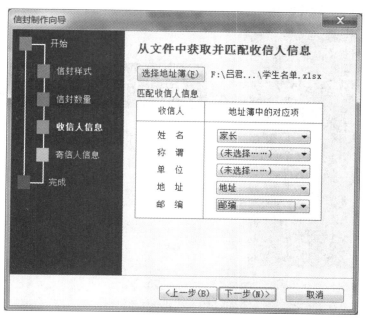

图 1-2-21　选择收件人信息

（5）在如图 1-2-22 所示的"输入寄信人信息"页面中。在"姓名"、"单位"等文本框中输入相应的寄信人信息,继续单击"下一步"按钮。

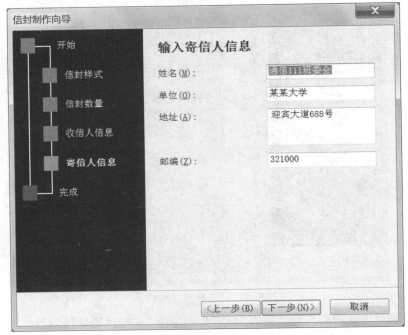

图 1-2-22　选择寄件人信息

(6)在打开的完成页面中,单击"完成"按钮,完成信封的制作。如图 1-2-23 所示。

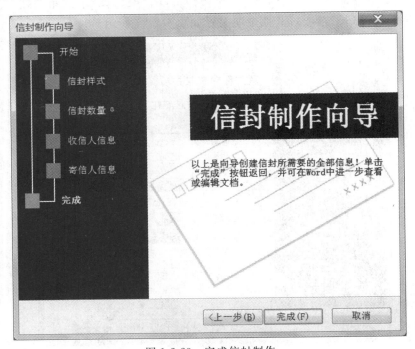

图 1-2-23　完成信封制作

完成信封制作后,会自动打开信封 Word 文档。用户可以根据实际需要设置字体颜色、字体和字号。如图 1-2-24 所示。

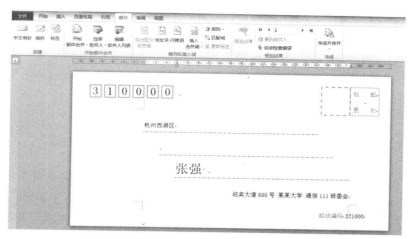

图 1-2-24 制作好的信封

1.2.5 任务总结

使用"邮件合并"批量生成各种数据,主要包括数据源的建立,信函文档的创建,数据源与信函文档的合并三个步骤。"邮件合并"在日常生活中应用非常广泛,各位读者可参考本例进行学习。

任务1.3　多人协同编辑文档

1.3.1　任务提出

某单位需编写一本教材,目录由负责人统一编制,按章节分工给几个人共同完成,最后合成一个文档,统一进行排版。

1.3.2　任务分析

协同工作是一个相当复杂的过程,我们需要有一个可以轻松搞定重复拆分、合并主文档的技巧。Word 2010 在大纲视图下的主控文档功能正好可以解决这个难题。之所以要使用主控文档,主要在于主文档中进行修改、修订等内容能自动同步到对应子文档中,这一点在需要重复修改、拆分、合并时特别重要。

1.3.3　相关知识与技能

1.主控文档

主控文档包含几个独立的子文档,可以用主控文档控制整本书,而把书的各个章节作为主控文档的子文档。这样,在主控文档中,所有的子文档可以当做一个整体,对其进行查看、重新组织、设置格式、校对、打印和创建目录等操作。对于每一个子文档,我们又可以对其进行独立的操作。

（1）文档拆分

自动拆分以设置了标题、标题1样式的标题文字作为拆分点,并默认以首行标题作为子文档名称。若想自定义子文档名,可在第一次保存主文档前,双击框线左上角的图标打开子文档,在打开的 Word 窗口中单击"保存"即可自由命名保存子文档。在保存主文档后子文档就不能再改名、移动,否则主文档会因找不到子文档而无法显示。

（2）文档转化

主文档打开时不会自动显示内容且必须附上所有子文档,因此还需要把编辑好的主文档转成一个普通文档再统一进行排版。

2.批注与修订

（1）批注

批注是为了帮助阅读者能更好地理解文档内容以及跟踪文档的修改状况,适用于多人协作完成一篇文档的情况。Word 2010 的批注信息前面会自动加上"批注"二字以及作者和批注的编号。

①添加批注:选中要添加批注的部分;单击"审阅"选项卡中的"新建批注"按钮,即可添加批注框;在批注框中输入要批注的内容即可。

②删除批注:右击批注框或者批注原始文字方框位置,在弹出的下拉菜单中单击"删除批注"即可。

③批量删除批注：选择"审阅"选项卡，在"批注"选项组中，点击"删除"下边的小下拉箭头，选择"删除文档中所有批注"。如图 1-3-1 所示。

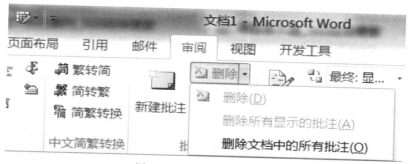

图 1-3-1　批注建立与删除

批注不是文档的一部分，批注的建议和意见只起参考作用。如果要将批注框内的内容直接用于文档中，要通过复制、粘贴的方法进行。

（2）修订

修订是指显示文档中所做的诸如删除、插入或其他编辑更改的位置的标记。在修订功能打开的情况下，可以查看在文档中所做的所有更改。当关闭修订功能时，可以对文档进行任何更改，而不会对更改的内容做出标记。

①在状态栏中添加修订指示器：右击该状态栏，然后单击"修订"。单击状态栏上的"修订"指示器可以打开或关闭修订。

②注意：如果"修订"命令不可用，必须关闭文档保护。在"审阅"选项卡上的"保护"组中，单击"限制编辑"，然后单击"保护文档"任务窗格底部的"停止保护"。

③接受：单击"接受"下拉箭头，选择相应命令，用于接受修订。当接受修订时，它将从修订转为常规文字或是将格式应用于最终文本。接受修订后，修订标记自动被删除。

④拒绝：单击"拒绝"下拉箭头，选择相应命令，用于拒绝修订。拒绝接受修订后，修订标记自动被删除。

3. 文档属性

Word 文档属性信息主要包括文档摘要、文档关键词、文档作者等内容，文档属性可以在 Word 文档的任意位置插入。常见属性如下：

Author：文档属性中的文档作者姓名。

Comments：文档属性中的备注。

FileSize：文档大小。

Keywords：文档属性中的关键词。

NumPages：文档页数。

NumWords：文档字数。

Subject：文档属性中的文档主题。

Title：文档属性中的文档标题。

4. 文档安全

单击"文件"选项卡，在中间窗格中选择"保护文档"权限，弹出如图 1-3-2 所示的菜单。

Title：文档属性中的文档标题。

4.文档安全

单击"文件"选项卡，在中间窗格中选择"保护文档"权限，弹出如图 1-3-2 所示的菜单。

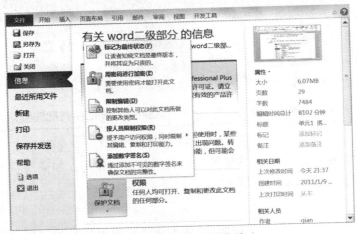

图 1-3-2　保护文档菜单

（1）标记为最终状态：将文档设置为只读，让读者知晓文档是最终版本。

（2）用密码进行加密：设置文档的打开密码。

（3）限制编辑：用来限制其他人对文档的格式设置。如图 1-3-3 所示。设定好格式设置限制和编辑限制后，启动强制保护。

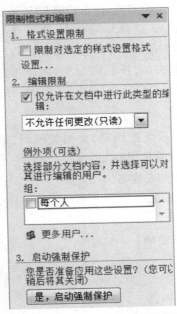

图 1-3-3　限制格式与编辑对话框

按人员限制权限：根据用户的访问权限，限制其编辑、复制和打印能力。

添加数字签名：通过添加不可见的数字签名来确保文档的完整性。

1.3.4 任务实施

1. 建立主控文档

（1）启动 Microsoft Word 2010 软件，新建空白文档，输入教材分工目录。如图 1-3-4 所示。

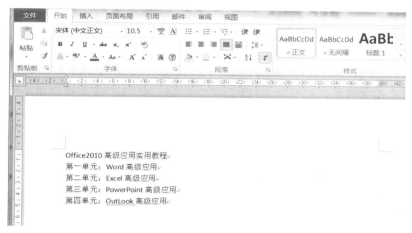

图 1-3-4 建立分工目录

（2）在"开始"选项卡中，设置"Office 2010 高级应用实用教程"样式为"标题"，其余文字样式为"标题 1"。

（3）选择"视图"选项卡中的"大纲视图"，在"大纲"选项卡的"主控文档"区域中单击"显示文档"展开"主控文档"区域。按 Ctrl＋A 键选中全文，单击"主控文档"区域的"创建"图标，把文档拆分成 4 个子文档，系统会将拆分开的 4 个子文档内容分别用框线围起来，如图 1-3-5 所示。

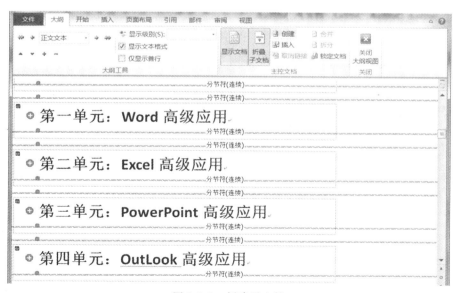

图 1-3-5 创建子文档

(4)把文档命名为"Office 2010 高级应用实用教程.docx"保存到一个单独的文件夹后退出,保存时 Word 会同时在该文件夹中创建"第一单元.docx"、"第二单元.docx"、"第三单元.docx"等 4 个子文档分别保存拆分的 4 部分内容。

(5)将 4 个子文档按分工发给 4 个人进行编辑。

注意:文件不能改名。

2．汇总修订

(1)收集 4 个子文档,并覆盖同名文件。

(2)打开主文档"Office 2010 高级应用实用教程.docx",文档中显示子文档的地址链接。

(3)切换到"大纲"视图,在"大纲"选项卡中单击"展开子文档"显示各新子文档内容。此时,可以直接在文档中进行修改、批注,修改的内容、修订记录和批注都会同时保存到对应子文档中。如图 1-3-6 所示,打开修订,插入"页眉与页脚",文字以红色显示。添加 2 条批注,内容参考图左边部分。

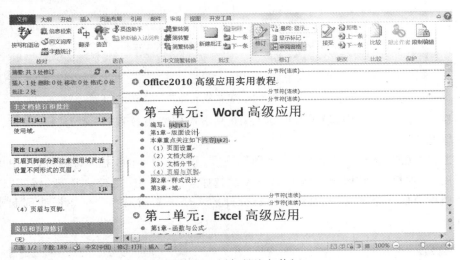

图 1-3-6　添加批注与修订

(4)打开文件"第一单元.docx",结果如图 1-3-7 所示。

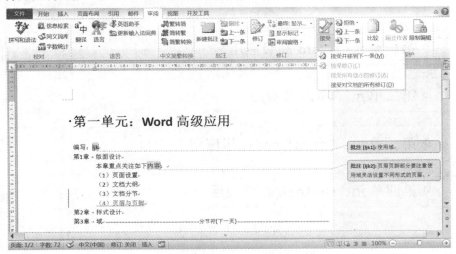

图 1-3-7　接受修订

此时,可以选择"接受"或"拒绝"选项决定是否接受修订内容。

要使用域来添加作者信息,需对文档进行"高级属性"设置。方法:单击"文件"选项卡,在右边窗口中单击"属性"下拉框中的"高级属性",在"摘要"中进行设置,如图 1-3-8 所示,再插入"Author"域。

图 1-3-8 设置 Word 属性

3.转成普通文档

(1)打开主文档"Office 2010 高级应用实用教程.docx",在大纲视图下单击"大纲"选项卡中的"展开子文档"以完整显示所有子文档内容。单击"显示文档"展开"主控文档"区,单击"取消链接"。

(2)单击"文件",选择"另存为",命名另存即可得到合并后的一般文档。

注意:最好不要直接保存,以备主文档以后还需再次编辑。

4.文档加密

单击"文件"选项卡,单击"保护文档"下三角形,选择"用密码进行加密",为文档设置打开密码。如图 1-3-9 所示。

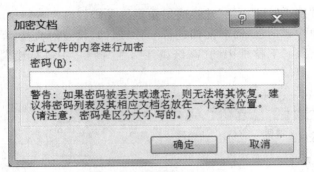

图 1-3-9　文档加密对话框

1.3.5　任务总结

利用主控文档可以实现协同办公,事实上,在 Word 中单击"插入"选项卡的"对象",选择"文件中的文字"也可以快速合并多人分写的文档,操作还要简单得多。但主控文档可以将修改、修订等内容自动同步到对应子文档中。读者在应用时,可有选择地使用。

任务 1.4　阅读提升——索引与书签

1.4.1　任务提出

在一篇长文档或书籍中,经常会出现一些重要的关键词等信息,如何查阅这些信息所在的位置? 在阅读过程中,如果分几次阅读,在后续过程中,如何快速定位中断的阅读点?

1.4.2　任务分析

对于文档中一些重要的关键信息,Word 中可利用索引进行快速检索;而书签可实现文本的快速定位。

1.4.3　相关知识与技能

1. 索引

索引可以列出一篇文章中重要关键词或主题的所在位置(页码),以便快速检索查询。常见于一些书籍和大型文档中,主要有两种形式。

(1)标记索引项

这种形式适用于添加少量索引项。单击"引用"选项卡,在"索引"选项组中单击"标记索引项",弹出如图 1-4-1 所示的"标记索引项"对话框。

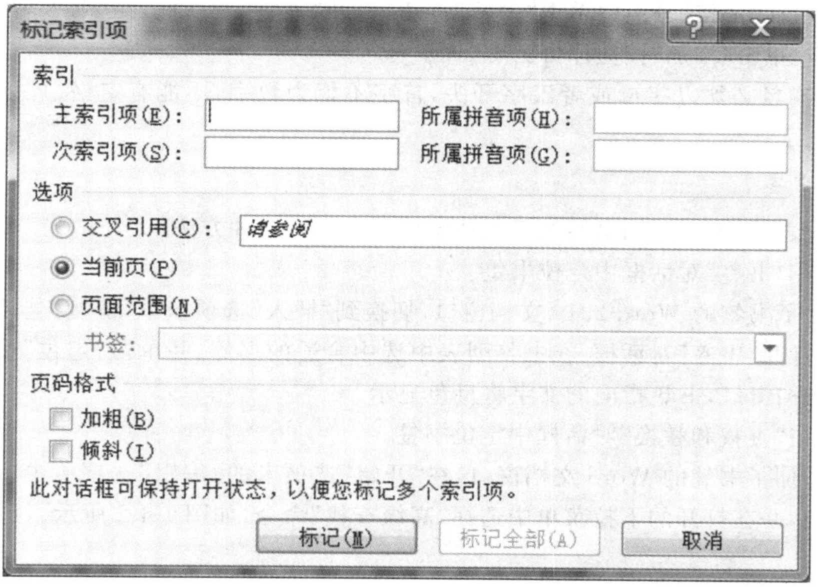

图 1-4-1　"标记索引项"对话框

索引项实质上是标记索引中特定文字的域代码,将文字标记为索引项时,Word 将插入一个具有隐藏文字格式的域。设定好某个索引项后,单击"标记"按钮,可完成某个索引项的标记;单击"标记全部"按钮,则文档中每次出现此文字时都会被标记。标记索引项后,

Word 会在标记的文字旁插入一个{XE}域。

（2）自动索引

如果在一篇文档中有大量关键词需要创建索引，Word 允许将所有索引项存放在一张双列的表格中，再由自动索引命令导入，实现批量化索引项标记。这个含表格的 Word 文档称为索引自动标记文件。在这个双列表格中，第一列中输入要搜索并标记为索引项的文字，第二列中输入第一列中文字的索引项。如果要创建次索引项，则需在主索引项后输入冒号后再输入次索引项。Word 在搜索整篇文档以找到和索引文件第一列中的文本精确匹配的位置，并使用第二列中的文本作为索引项。如表 1-10 为索引自动标记文件。

表 1-10　索引自动标记文件

标记为索引项的文字 1	主索引项 1；次索引项 1
标记为索引项的文字 2	主索引项 2；次索引项 2
……	……

2. 书签

书签主要用于帮助用户在 Word 长文档中快速定位至特定位置，或者引用同一文档（也可以是不同文档）中的特定文字。在 Word 2010 文档中，文本、段落、图形图片、标题等都可以添加书签。

（1）创建书签

方法：打开 Word 2010 文档窗口，选中需要添加书签的文本、标题、段落等内容，切换到"插入"选项卡，在"链接"分组中单击"书签"按钮，打开"书签"对话框，在"书签名"编辑框中输入书签名称，单击"添加"按钮即可。

注意：书签名必须以字母或者汉字开头，首字不能为数字，不能有空格，可以有下划线字符来分隔文字。

（2）定位书签

书签建立之后，可以利用书签进行快速定位。主要有两种方法：

方法一：在"书签"对话框中定位书签。

打开添加了书签的 Word 2010 文档窗口，切换到"插入"选项卡中"链接"选项组中单击"书签"按钮，打开"书签"对话框，在书签列表中选中合适的书签，并单击"定位"按钮。返回 Word 2010 文档窗口，书签指向的文字将反色显示。

方法二：在"查找和替换"对话框中定位书签。

①打开添加了书签的 Word 文档窗口，在"开始"选项卡的"编辑"选项组中单击"查找"下拉三角按钮，并在打开的下拉菜单中选择"高级查找"命令，如图 1-4-2 所示。

图 1-4-2 选择"高级查找"命令

②在打开的"查找和替换"对话框中切换到"定位"选项卡,在"定位目标"列表中选择"书签"选项,然后在"请输入书签名称"下拉列表中选择合适的书签名称,并单击"定位"按钮,如图 1-4-3 所示。

图 1-4-3 "定位"选项卡

③关闭"查找和替换"对话框,返回 Word 文档窗口,书签指向的文本内容将反色显示。

(3)书签超链接

在 Word 2010 文档中,通过使用书签功能可以快速定位到本文档中的特定位置。用户可以创建书签超链接,从而实现链接到同一 Word 文档中特定位置的目的,方法如下:

①打开 Word 2010 文档窗口,选中需要创建书签超链接的文字。切换到"插入"选项卡,在"链接"选项组中单击"超链接"按钮。

②打开"插入超链接"对话框,在"链接到"区域选中"本文档中的位置"选项。然后在"请选择文档中的位置"列表选中合适的书签,并单击"确定"按钮即可。

此外,我们在使用交叉引用命令为题注创建交叉引用时,Word 会自动给创建的题注添加书签,并通过书签的定位作用,使用超链接连接书签所在的题注位置。

这一系列的动作,都是通过域实现的。不仅是题注,引用到脚注和尾注、引用到编号项等等,其实都是按照交叉引用到书签的模式,创建超链接而成。

1.4.4 任务实施

1.创建索引

(1)启动 Microsoft Word 2010 软件,创建文档"数据库开发环境.docx",内容如图 1-4-4 所示。

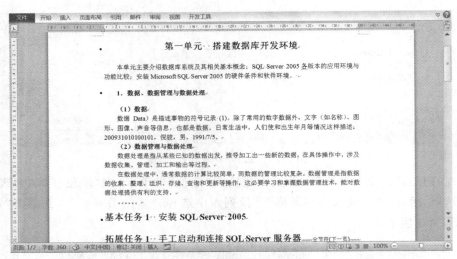

图 1-4-4 文档文本

(2)创建索引自动标记文件"索引自动标记文件.docx"。

新建文档,在新文档中建立一个双列表格,输入如图 1-4-5 所示的内容。

图 1-4-5 索引自动标记文件

(3)标记索引。

①光标定位在"数据库开发环境.docx"的第二页上,单击"引用"选项卡"索引"选项组中的"插入索引"命令,弹出"索引"对话框,在图 1-4-6 中,单击"自动标记"按钮,选择"索引

自动标记文件.docx"。

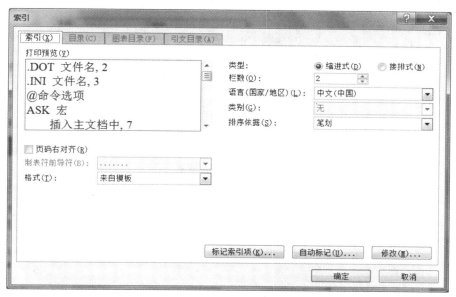

图 1-4-6 索引对话框

此时,会在"数据库开发环境.docx"文档的所有索引项文字的后面出现一个{XE}域。如图 1-4-7 所示。

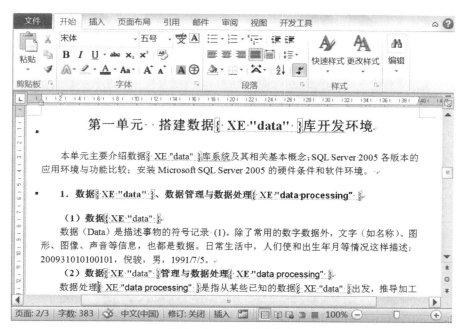

图 1-4-7 自动标记索引

②再次打开"索引"对话框,单击"确定"按钮,完成自动索引。

如图 1-4-8 所示为自动标记索引项显示结果,如果被索引文本在一个段落中重复出现多次,Word 只对其在此段落中的首个匹配项做标记。

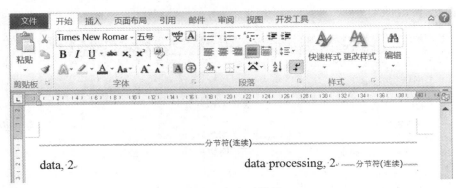

图 1-4-8　索引结果

2. 创建专有名词目录

(1)如图 1-4-9 所示,选择文字"数据",单击"引用"选项卡中的"标记引文"命令,弹出"标记引文"对话框,单击"类别"按钮,弹出"编辑类别"对话框,如图 1-4-10 所示。

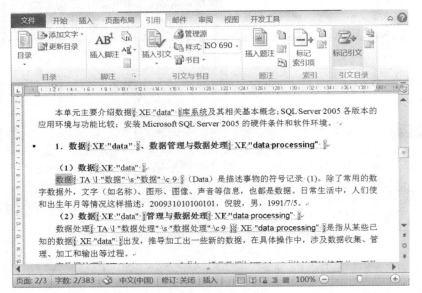

图 1-4-9　标记引文

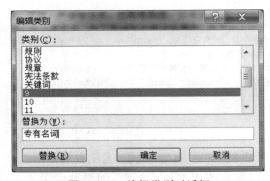

图 1-4-10　编辑类别对话框

（2）在图1-4-11中，选择类别"9"，将其替换为"专有名词"，单击"确定"按钮，返回"标记引文"对话框，如图1-4-11所示，在类别中选择"专有名词"，单击"标记"按钮。此时，会在"数据"后出现一个{TA}域。

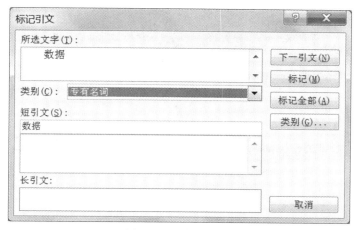

图1-4-11　标记引文

（3）同理，选择文字"数据处理"将其标记为引文，类别为"专有名词"。

（4）将光标定位在"数据库开发环境.docx"的最后，单击"引用"选项卡中的"插入引文目录"命令，如图1-4-12所示。选择类别中的"专有名词"，单击"确定"按钮。结果如图1-4-13所示。

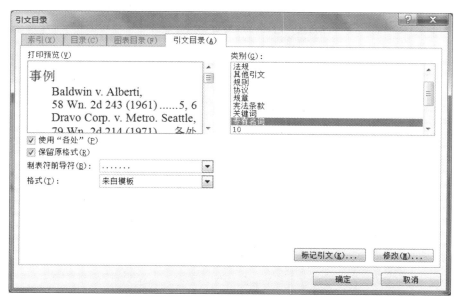

图1-4-12　引文目录对话框

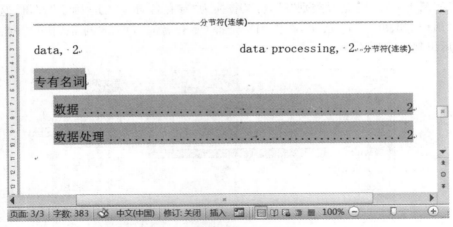

图 1-4-13　标记引文结果

3. 书签

(1) 标记/显示书签

如图 1-4-14 所示,选择文本"拓展任务 1",单击"插入"选项卡,在"链接"选项组中选择"书签",弹出"书签"对话框,在图 1-4-15 中,输入书签名"拓展任务 1",单击"添加"按钮。

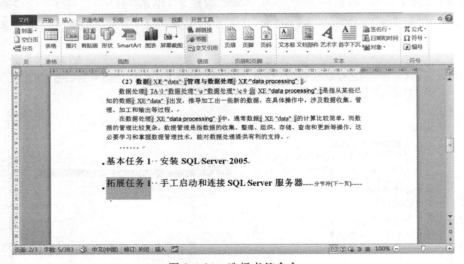

图 1-4-14　选择书签命令

提示:如果需要为大段文字添加书签,也可以不选中文字,只需将插入点光标定位到目标文字的开始位置。

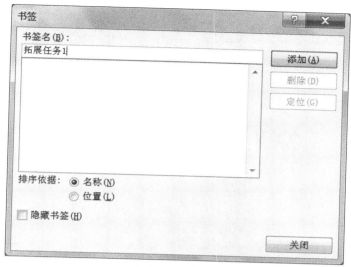

图 1-4-15　添加书签

（2）书签定位

单击"插入"选项卡，在"链接"选项组中选择"书签"，弹出"书签"对话框，在图 1-4-16 中，选择"拓展任务 1"书签，单击"定位"按钮，快速定位到本文档中书签指定的位置。

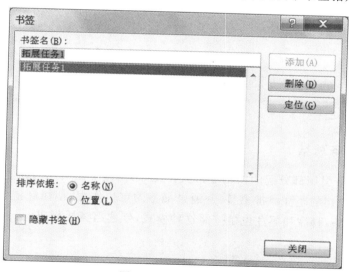

图 1-4-16　定位书签

（3）书签引用

如图 1-4-17 所示，选择文本"拓展任务 1"，单击"插入"选项卡，在"链接"选项组中选择"超链接"，弹出"插入超链接"对话框。如图 1-4-18 所示，在"链接到"区域中选择"本文档中的位置"，然后在"请选择文档中的位置"列表中选择"拓展任务 1"书签，单击"确定"按钮。

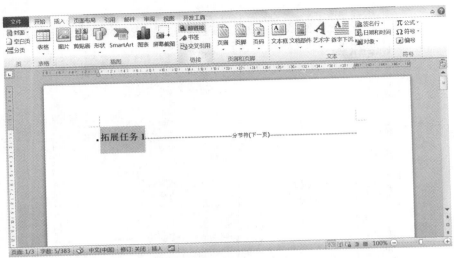

图 1-4-17　设置超链接

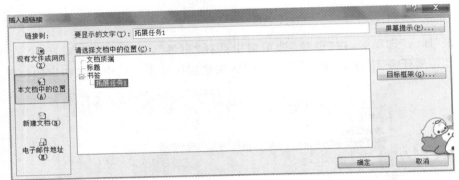

图 1-4-18　插入书签超链接

1.4.5　任务总结

　　书签在 Word 引用部分起的作用非常大。比如,使用交叉引用为题注创建交叉引用时,Word 会自动给创建的题注添加书签,并通过书签的定位作用,使用超链接链接到书签所在题注的位置。此外,脚注和尾注也是按照这种模式,创建超链接而成。

第二单元

Excel 2010 高级应用

Excel 2010 是微软 Office 2010 套装办公软件的一个重要组件，主要用于进行电子表格处理，其功能非常强大，可以进行各种数据处理、统计分析和辅助决策操作，广泛地应用于管理、统计财经、金融等众多领域。Excel 2010 能使用比老版本更多的方式来分析、管理和共享信息，从而使用户做出更明智的决策。新的数据分析和可视化工具会跟踪和亮显重要的数据趋势，可以将文件轻松上传到 Web 并与他人同时在线工作，而用户也可以用几乎任何的 Web 浏览器来随时访问重要数据。

Excel 2010 具体的新功能有：

◇ 能够突出显示重要数据趋势的迷你图、全新的数据视图切片和切块功能，使用户能够快速定位正确的数据点；

◇ 支持在线发布随时随地访问编辑数据；

◇ 支持多人协助共同完成编辑操作；

◇ 简化的功能访问方式让用户几次单击即可保存、共享、打印和发布电子表格等。

本单元主要从函数与公式的使用、数据的管理和分析两个方面结合相关实例来介绍 Excel 2010 高级应用。在进行本单元学习之前，读者应该先具备一些 Excel 2010 的基础知识：工作簿的基本操作、工作表的基本操作、设置工作表及其表内元素的格式（单元格格式、行格式、列格式、表格格式、条件格式等）、工作表数据的简单分析和管理（数据排序、数据图表化、分类汇总等）、工作表打印（版面设置、页眉和页脚等）。

本单元包含的学习任务和单元学习目标具体如下：

【学习任务】

• 任务 2.1 某公司职工工资管理

• 任务 2.2 某超市休闲食品销售情况统计

• 任务 2.3 蔡先生个人理财方案

【学习目标】

• 熟练操作工作簿、工作表；

• 熟练使用 Excel 函数和公式；

• 了解和掌握外部数据的导入和导出；

• 掌握数据的筛选和高级筛选；

● 了解数据透视表和透视图的概念，并掌握数据透视表和数据透视图的创建、修改和删除；

● 掌握透视表中切片器的使用；

● 掌握迷你图的使用。

任务2.1 某公司职工工资管理

2.1.1 任务提出

某公司共有3个部门,分别是管理部、销售部和生产部,每个月月底要及时计算所有职工的工资,以便在下个月月初发放。该公司职工工资包括基本工资、岗位工资和奖金,每个月还要缴纳养老金、医疗金和公积金,最后根据职工的事病假情况进行扣款后才得出该月职工的实发工资。现有该公司2012年3月部分职工的相关信息,要求建立相应工资情况表,并对数据进行分析统计。

2.1.2 任务分析

本项目要求建立职工工资表,计算其中相关数据,并对数据进行分析。在建立该表时,要先计算职工岗位工资和奖金,计算事病假扣款,计算个人所得税,其中:

◇ 不同部门中,职工的岗位不同,因此岗位工资也不同,具体如表2-1所示;

◇ 不同部门的奖金计算方法也不同,尤其是销售部的销售员,其奖金是根据该职工的销售额进行分级奖励,销售员的销售额如表2-2,奖金计算方法如表2-1所示;

◇ 事假和病假扣除方式不同,工人和其他岗位职工请病假时扣款方式也不同,如表2-3所示;

◇ 个人所得税计算按2012年新方法进行缴纳,起征点是3500元,分级方法如表2-4所示,所得税＝(应发工资－3500)＊税率－速算扣除数。

表2-1 岗位工资和奖金

职工类别	岗位工资	奖 金
管理人员	500	200
工人	200	300
销售员	300	奖金＝销售额×提成比例(销售额＜3万元,提成比例为2％,3万元≤销售额＜10万元,比例为4％,销售额≥10万元,比例为8％)

表2-2 销售部销售情况

职工号	销售额
B001	￥28,000
B002	￥45,000
B003	￥20,000
B004	￥60,000
B005	￥120,000

表 2-3　事病假扣款

病事假天数	应扣款金额（元）		
	事　假	病　假	
		工人	其他人员
≤15	（应发合计/22）×事假天数	200	300
>15	应发合计×80%	400	500

表 2-4　个人所得税率

级数	全月应纳税所得额	税率（%）	速算扣除数
1	不超过 1500 元	3	0
2	超过 1500 元至 4500 元的部分	10	105
3	超过 4500 元至 9000 元的部分	20	555
4	超过 9000 元至 35000 元的部分	25	1005

当数据计算好后，还可以利用 Excel 的筛选功能对该表中的相关数据进行有效统计和分析。

2.1.3　相关知识与技能

1. 数据有效性及其设置

"数据有效性"是一种 Excel 功能，用于定义可以在单元格中输入或应该在单元格中输入哪些数据。可以配置数据有效性以防止用户输入无效数据，还可以允许用户输入无效数据，但当用户尝试在单元格中键入无效数据时会向其发出警告。此外，该功能还可以提供一些消息，以定义用户期望在单元格中输入的内容，以及帮助用户更正错误的说明。

"数据有效性"选项位于"数据"选项卡上的"数据工具"组中，单击"数据有效性"右边的下拉箭头，弹出一个下拉菜单，在其中选择"数据有效性"，如图 2-1-1 所示。

图 2-1-1　Excel 2010 数据选项卡中数据有效性命令

选定要设置有效性的单元格，单击"数据有效性"命令，弹出"数据有效性"对话框，所有设置都在该对话框中完成，如图 2-1-2 所示。

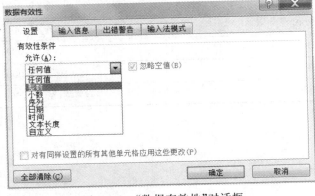

图 2-1-2　"数据有效性"对话框

　　若数据输入错误,则会有"出错警告",该警告信息的设置在"数据有效性"的"出错警告"选项卡中,在此可以设置警告"样式",可选择"停止"、"警告"和"信息";还可以设置"出错警告"对话框的"标题"和"内容",如图 2-1-3 所示。

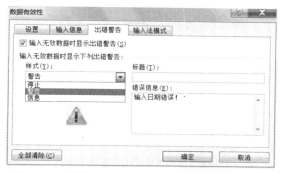

图 2-1-3　"数据有效性"对话框的"出错警告"设置

　　"输入信息"选项卡是用来设置用户提示的,"输入法模式"可以用来设定是否打开中文输入法。

　　当有效性设置结束后,单元格内的内容就需按要求输入,否则,Excel 会弹出一个错误提示对话框,如图 2-1-4 所示。

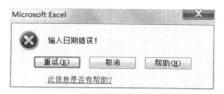

图 2-1-4　输入数据不符合有效性要求时的出错提示

　　"数据有效性"条件设置方式非常灵活多样,主要有如下几类:

　　(1)将数据限制为列表中的预定义项

　　例如,若要将"部门类型"限制为"销售"、"财务"、"研发"和" IT",则可进行如下操作。

　　选择要填写部门类型的所有单元格,单击"数据——数据工具——数据有效性",在打开的"数据有效性"对话框中,设置有效性条件允许"序列",数据来源为"销售,财务,研发,IT",中间的间隔符是英文标点符号,如图 2-1-5 所示。确定后,单击该列单元格,会在右边添加一个下拉箭头,单击该箭头,会出现一个下拉列表,用户可以在该列表中选择数据进行单元格内容输入,如图 2-1-6 所示。

图 2-1-5　自定义"序列"的有效性设置对话框

图 2-1-6　自定义"序列"有效性设置结果

自定义序列的数据来源还可以来自工作表中其他位置,只要先将列表内容输入到表格中,然后再在有效性设置的"数据来源"中引用该列表所在的单元格区域,如图 2-1-7 所示。

图 2-1-7　引用已有数据列表方式设置自定义序列的数据有效性设置

(2)将数字限制在指定范围

例如,要将扣除额的最小限制指定为特定单元格中小孩数量的两倍,则可设置如图 2-1-8 所示,此处的"允许"条件可以是"整数",也可以是"小数"。

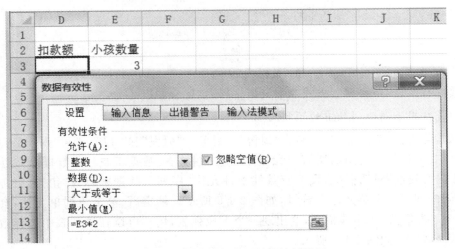

图 2-1-8　限定数据范围的有效性设置

(3)将日期限制在某一时间范围

例如,若要将日期指定为介于当前日期和当前日期之后 3 天之间的时间范围,可以如图 2-1-9 所示设置,其中,Today()是一个自动获取系统当前日期的内置函数,其返回值是一个日期值。

图 2-1-9　限定日期范围的有效性设置

（4）限制文本字符数

例如，若要将单元格中允许的文本限制为 10 个或更少的字符，则可设置为如图 2-1-10 所示。

图 2-1-10　限定文本长度的有效性设置

（5）利用"数据有效性"来进行数据检查，将无效数据圈释

当数据输入完毕后，用户可以用"数据有效性"来进行数据检查。例如：已有的"电话号码"列中，号码长度不等于 12 的电话号码为无效数据，则只要选中所有电话号码，设置"数据有效性"，将其"文本长度"设置"等于"12。

然后选中"数据——数据工具——数据有效性——圈释无效数据"，如图 2-1-11 所示。设置好后，不符合要求的数据显示效果如图 2-1-12 所示。如果要取消数据圈释，则选中"数据有效性"中的"清除无效数据标识圈"，如图 2-1-13 所示。

图 2-1-11　"圈释无效数据"菜单命令

图 2-1-12　无效数据被圈定后的数据区　　图 2-1-13　"清除无效数据标识圈"的命令

2.数组公式及其应用

数组公式就是可以同时进行多重计算并返回一种或多种结果的公式。在数组公式中使用两组或多组数据称为数组参数,数组参数可以是一个数据区域,也可以是数组常量。数组公式中的每个数组参数必须有相同数量的行和列。

(1)数组公式的输入

数组公式的输入步骤如下:

1)选定单元格或单元格区域。如果数组公式将返回一个结果,单击需要输入数组公式的单元格;如果数组公式将返回多个结果,则要选定需要输入数组公式的单元格区域。

2)输入数组公式。

3)同时按"Ctrl＋Shift＋Enter"组合键,则 Excel 自动在公式的两边加上大括号{ }。

例如:要用数组公式计算"总价"字段的值,可以先将"总价"列的单元格选中(即选中 C2：C5),如图 2-1-14 所示,然后输入公式"＝A2：A5 * B2：B5",按"Ctrl＋Shift＋Enter"组合键,结果如图 2-1-15 所示。

	A	B	C
1	单价	数量	总价
2	0.2	10	
3	0.4	35	
4	0.15	34	
5	0.7	23	

图 2-1-14　数组公式案例原始数据

C2			fx	{=A2:A5*B2:B5}	
	A	B	C	D	
1	单价	数量	总价		
2	0.2	20	4.00		
3	0.4	35	14.00		
4	0.15	34	5.10		
5	0.7	23	16.10		

图 2-1-15　数组公式计算结果

(2)数组常量的输入

在数组公式中,也可以直接键入数值数组,这样键入的数值数组被称为数组常量。当不想在工作表中按单元格逐个输入数值时,可以使用这种方法。生成数组常量的操作:

1)首先选中要输入数据的所有单元格,然后编辑公式,直接在公式中输入数值,并用大括号"{}"括起来;

2)不同列的数值用逗号","分开;

3)不同行的数值用分号";"分开;

4)最后按"Crtl＋Shift＋Enter"组合键。

例如:假若要在单元格 A1、B1、C1、D1、A2、B2、C2、D2 中分别输入 10、20、30、40、50、

60、70、80,则可以采用如图 2-1-16 所示方法。然后按"Ctrl+Shift+Enter"组合键,结果如图 2-1-17 所示。

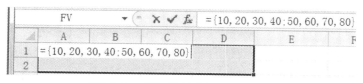

图 2-1-16 数组常量数据输入示意图

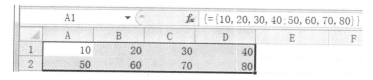

图 2-1-17 数组常量数据输入结果示意图

（3）编辑数组公式

数组公式的特征之一就是不能单独编辑、清除或移动数组中的某一个单元格。若在数组公式输入完毕后发现错误需要修改,则需要按以下步骤进行:

1)在数组区域中单击任一单元格;

2)单击公式编辑栏,当编辑栏被激活时,大括号"{}"在数组公式中消失;

3)编辑数组公式内容;

4)修改完毕后,按"Ctrl+Shift+Enter"组合键。

（4）删除数组公式

删除数组公式方法很简单,首先选定数组公式的所有单元格,然后按 Delete 键删除。

3. 查找与引用函数 HLOOKUP、VLOOKUP

在 Excel 中,当需要在数据清单或表格中查找特定数值,或者需要查找某一单元格的引用时,可以使用"查找与引用"函数。

函数的插入,有两种方法:

◇ 在功能区的"公式"选项卡的"函数库"组中找到其所属的分类命令,然后在该类别的下拉菜单中直接选择。

◇ 在"公式"选项卡的"函数库"中,直接点"插入函数",从而调出"插入函数"对话框,然后先选择函数类别,再在该类别中进行函数选择。

所以,插入"查找与引用"类函数时,可以操作如下:

方法一:单击"公式——函数库——查找与引用",选择其下拉列表中的相应函数,如图 2-1-18 所示。

图 2-1-18 "公式"选项卡的"查找与引用"命令

方法二:单击"公式——函数库——插入函数","插入函数"命令位置如图 2-1-19 所示,在弹出的"插入函数"对话框中选择类别为"查找与引用",如图 2-1-20 所示,此时,选择函数框中可以看到所有的"查找与引用"类函数。当函数使用相当熟练时,可以直接在单元格的公式中输入该函数名,此时 Excel2010 会给出该函数的自动提示。

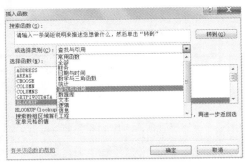

图 2-1-19 "公式"选项卡"插入函数"命令　　图 2-1-20 "插入函数"对话框选择"查询与引用"

(1)HLOOKUP 函数

函数说明:在表格或数值数组的首行查找指定的数值,并在表格或数组中指定行的同一列中返回一个数值。

函数语法:HLOOKUP(Lookup_value,Ttable_array,Row_index_num,[Range_lookup])。其中:

Lookup_value,必需。需要在表的第一行中进行查找的数值。

Table_array,必需。需要在其中查找数据的信息表。使用对区域或区域名称的引用。

Row_index_num,必需。Table_array 中待返回的匹配值的行序号。例如,Row_index_num 为 1 时,返回 Table_array 第一行的数值。

Range_lookup,可选。逻辑值,指明函数 HLOOKUP 查找时是精确匹配,还是近似匹配。如果为 TRUE 或省略,则可以返回近似匹配值。也就是说,如果找不到精确匹配值,则返回小于 Lookup_value 的最大数值。如果 Range_lookup 为 FALSE,函数 HLOOKUP 将查找精确匹配值,如果找不到,则返回错误值 ♯N/A。

例如:在首行查找"Axles",返回同列中第 2 行的值,结果为"4",如图 2-1-21 所示。

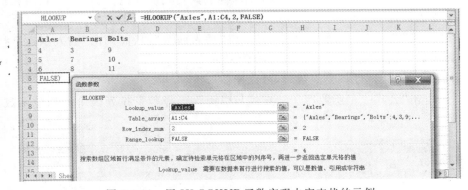

图 2-1-21 用 HLOOKUP 函数实现内容查找的示例

(2)VLOOKUP 函数

函数说明:搜索某个单元格区域的第一列,然后返回该区域相同行上任何单元格中的值。

函数语法:VLOOKUP(Lookup_value，Table_array，Col_index_num，[Range_look-up])，其中参数与 HLOOKUP 相同，只是 Col_index_num 是 Table_array 中待返回的匹配值的列序号。用法也与 HLOOKUP 相同。

例:在首列查找"Axles"，返回同行中第 4 列的值，结果为"6"，如图 2-1-22 所示。

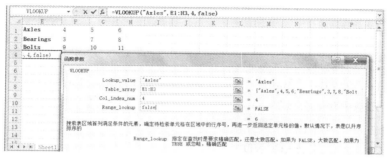

图 2-1-22 用 VLOOKUP 函数实现内容查找

4.时间和日期函数

Excel 中，可以通过"日期与时间"函数，在公式中分析和处理日期值和时间值。插入"日期和时间"函数既可以在"插入函数"对话框中选择，也可以在功能区"公式——函数库——日期和时间"中选择，如图 2-1-23 所示。

图 2-1-23 "公式"选项卡中"日期和时间"命令

（1）NOW、TODAY

✧ NOW 函数

函数说明:返回当前日期和时间。

函数语法:NOW()，该函数没有参数，但是函数后面的"()"不能省略。

例如:在单元格中输入公式"＝NOW()"，公式的结果是返回当前计算机系统日期和时间。

✧ TODAY 函数

函数说明:返回当前日期。

函数语法:TODAY()，该函数没有参数，函数后面的"()"不能省略。

例如:在单元格中输入公式"＝TODAY()"，公式的结果是返回当前计算机系统日期。

（2）YEAR、MONTH 、DAY

✧ YEAR

函数说明:返回当前日期的年份值。

函数语法:YEAR(Serial_number)，Serial_number 必需，为一个日期值。

例如:在单元格中输入公式"＝YEAR(Today())"，公式的结果是返回当前计算机系统日期的年份值。

◆　MONTH

函数说明：返回当前日期的月份值。

函数语法：MONTH(Serial_number)，Serial_number 必需，为一个日期值。

例如：在单元格中输入公式"＝MONTH(Today())"，公式的结果是返回当前计算机系统日期的月份值。

◆　DAY

函数说明：返回当前日期的天数值。

函数语法：DAY(Serial_number)，Serial_number 必需，为一个日期值。

例如：在单元格中输入公式"＝DAY(Today())"，公式的结果是返回当前计算机系统日期的天数值。

(3) HOUR、MINUTE、SECOND

◆　HOUR

函数说明：返回当前时间的小时数。

函数语法：HOUR(Serial_number)，Serial_number 必需，为一个时间值。

例如：在单元格中输入公式"＝HOUR(NOW())"，公式的结果是返回当前计算机系统时间的小时数。

◆　MINUTE

函数说明：返回当前时间的分钟数。

函数语法：MINUTE(Serial_number)，Serial_number 必需，为一个时间值。

例如：在单元格中输入公式"＝MINUTE(NOW())"，公式的结果是返回当前计算机系统时间的分钟数。

◆　SECOND

函数说明：返回当前时间的秒钟数。

函数语法：SECOND(Serial_number)，Serial_number 必需，为一个时间值。

例如：在单元格中输入公式"＝SECOND(NOW())"，公式的结果是返回当前计算机系统时间的秒钟数。

5. 文本函数

Excel 中可以用"文本"函数在公式中处理文字字符串，插入该类函数，既可以通过"插入函数"对话框进行选择，也可以在功能区的"公式——函数库——文本"中，如图 2-1-24 所示。

图 2-1-24　"公式"选项卡中"文本"命令

(1) REPLACE

函数说明：使用其他文本字符串并根据所指定的字符数替换某文本字符串中的部分

文本。

函数语法：REPLACE(Old_text，Start_num，Num_chars，New_text)，其中：

Old_text，必需。要替换其部分字符的文本。

Start_num，必需。要用 New_text 替换的 Old_text 中字符的位置。

Num_chars，必需。希望 REPLACE 使用 New_text 替换 Old_text 中字符的个数。

New_text，必需。将用于替换 Old_text 中字符的文本。

例如：用"2004"替换"Students"第 2－5 个字符。公式为"＝REPLACE("Students"，2，4，"2004")"，公式结果为："S2004nts"。

（2）MID

函数说明：返回文本字符串中从指定位置开始的特定数目的字符，该数目由用户指定。

函数语法：MID(Text，Start_num，Num_chars)，其中：

Text，必需。包含要提取字符的文本字符串。

Start_num，必需。Text 中要被提取的第一个字符的位置。Text 中第一个字符的 Start_num 为 1，依此类推。

Num_chars，必需。指定希望 MID 从文本中返回字符的个数。

例如：把"abcdefghij"字符串中的"bcde"取出，可以用公式"＝MID("abcdefghij"，2，4)"表示。

（3）CONCATENATE

函数说明：将最多 255 个文本字符串联接成一个文本字符串。

函数语法：CONCATENATE(Text1，[Text2]，...)，除了 Text1，其余都是可选参数，每个参数都是一个文本字符串。

例如：将"abc"和"123"连接起来，组成"abc123"，可以用公式"＝CONCATENATE("abc"，123)"，此处的"123"是数值，在参与运算时会自动转换为文本。

（4）TEXT

函数说明：可将数值转换为文本，并可使用户通过使用特殊格式字符串来指定显示格式。

函数语法：TEXT(Value，Format_text)，其中：

Value，必需。数值、计算结果为数值的公式，或对包含数值的单元格的引用。

Format_text，必需。使用双引号括起来作为文本字符串的数字格式，例如，"m/d/yyyy" 或 "＃，＃＃0.00"。

例如：若要将数字"23.5"设置为人民币金额，可以使用以下公式："＝TEXT(A1，"￥0.00")"，结果为"￥23.50"。

（5）PROPER、LOWER

◇ PROPER

函数说明：将文本字符串的首字母及任何非字母字符之后的首字母转换成大写，将其余的字母转换成小写。

函数语法：PROPER(Text)，其中：Text，必需。可以是用引号括起来的文本、返回文本值的公式或是对包含文本(要进行部分大写转换)的单元格的引用。

例如：将字符串"this is a TITLE"转换为词首字母大写，其余小写，可以用公式"＝PROPER("this is a TITLE")"，结果为"This Is A Title"。

❖ LOWER

函数说明：将一个文本字符串中的所有大写字母转换为小写字母。

函数语法：LOWER(Text)，其中：Text，必需。要转换为小写字母的文本。函数 LOWER 不改变文本中的非字母的字符。

例如：将字符串"this is a TITLE"转换为小写，可以用公式"＝LOWER("this is a TITLE")"，结果为"this is a title"。

（6）SEARCH、FIND

❖ SEARCH

函数说明：在第二个文本字符串中查找第一个文本字符串，并返回第一个文本字符串的起始位置的编号，该编号从第二个文本字符串的第一个字符算起，该查找不区分大小写。

函数语法：SEARCH(Find_text，Within_text，[Start_num])，其中：

Find_text，必需。要查找的文本。

Within_text，必需。要在其中搜索 Find_text 参数的值的文本。

Start_num，可选。Within_text 参数中从之开始搜索的字符编号。

例如：若要查找字母"n"在单词"printer"中的位置，可以使用以下函数："＝SEARCH("n","printer")"，返回的结果是"4"。

❖ FIND

函数说明：在第二个文本串中定位第一个文本串，并返回第一个文本串的起始位置的值，该值从第二个文本串的第一个字符算起，该查找区分大小写且不允许使用通配符。

函数语法：FIND(Find_text，Within_text，[Start_num])，其中：

Find_text，必需。要查找的文本。

Within_text，必需。包含要查找 Find_text 的文本。

Start_num，可选。指定要从其开始搜索的字符。Within_text 中的首字符是编号为 1 的字符。如果省略 Start_num，则假设其值为 1。

例如：有一个字符串"Miriam McGovern"，要查找字符串中第一个"m"的位置，公式可以写成"＝FIND("m","Miriam McGovern")"，结果是"6"，若用函数 SEARCH，则公式为"＝SEARCH("m","Miriam McGovern")"，结果为"1"。

（7）EXCAT

函数说明：该函数用于比较两个字符串：如果它们完全相同，则返回 TRUE；否则，返回 FALSE。函数 EXACT 区分大小写，但忽略格式上的差异。

函数语法：EXACT(Text1，Text2)，其中：Text1 和 Text2 都为必需，为两个参与比较的字符串。

例如：有两个字符串"Word"和"word"，判断它们是否相同，设置的公式为"＝EXACT("Word","word")"，结果为"FALSE"。

6.逻辑函数

Excel 中可以使用逻辑函数进行真假值判断，或者进行复合检验。例如，可以使用 IF

函数确定条件为真还是假,并由此返回不同的结果。插入该类函数,既可以通过"插入函数"对话框进行选择,也可以在功能区的"公式——函数库——逻辑"中,如图 2-1-25 所示。

图 2-1-25　"公式"选项卡中"逻辑"命令

(1)IF

函数说明:如果指定条件的计算结果为 TRUE,IF 函数将返回某个值;如果该条件的计算结果为 FALSE,则返回另一个值。

函数语法:IF(Logical_test,[Value_if_true],[Value_if_false]),其中:

Logical_test,必需。计算结果可能为 TRUE 或 FALSE 的任意值或表达式。

Value_if_true,可选。Logical_test 参数的计算结果为 TRUE 时所要返回的值。

Value_if_false,可选。Logical_test 参数的计算结果为 FALSE 时所要返回的值。

例如:若单元格 A10 中的值大于 100,则返回"超出预算",否则返回"预算内"。则公式为"=IF(A10>100,"超出预算","预算内")",当"A10=100"时,IF 函数返回的结果是"预算内"。

> **注意**:每一个 IF 函数都可以根据 Logical_test 的值将结果分成两种情况,若所需判断的问题分成两种以上分类时,则必须使用 IF 函数嵌套。最多可以使用 64 个 IF 函数作为 Value_if_true 和 Value_if_false 参数进行嵌套。

例如:给学生成绩进行等级评定,当成绩大于 85 分时,评为优秀;60~85 分,为良好;小于 60 分,为不及格。假设要判断的学生成绩在 B10 单元格,则评判该学生等级的公式为"=IF(B10>85,"优秀",IF(B10<60,"不及格","良好"))"或者"=IF(B10<=85,IF(B10<60,"不及格","良好"),"优秀")"。

(2)AND

函数说明:所有参数的计算结果为 TRUE 时,返回 TRUE;只要有一个参数的计算结果为 FALSE,即返回 FALSE。

函数语法:AND(Logical1,[Logical2],...),其中:

Logical1,必需。要检验的第一个条件,其计算结果可以为 TRUE 或 FALSE。

Logical2,...,可选。要检验的其他条件,其计算结果可以为 TRUE 或 FALSE,最多可包含 255 个条件。

例如:可以评中级职称的条件是"工龄"大于 5 年,"职称"为"初级"。若,"工龄"在 A2 单元格,"职称"在 B2 单元格,则,该员工是否可以评职称的判断公式为"=AND(A2>5,B2="初级")"。

注意:AND 函数的一种常见用途就是扩大用于执行逻辑检验的其他函数的效用。例如,IF 函数用于执行逻辑检验,它在检验的计算结果为 TRUE 时返回一个值,在检验的计算结果为 FALSE 时返回另一个值。通过将 AND 函数用作 IF 函数的 Logical_test 参数，可以检验多个不同的条件，而不仅仅是一个条件。

（3）OR

函数说明：在其参数组中，任何一个参数逻辑值为 TRUE，即返回 TRUE；所有参数的逻辑值为 FALSE，即返回 FALSE。

函数语法：OR(Logical1，[Logical2]，…)，其中：

Logical1，Logical2 …，Logical1 是必需的，后继的逻辑值是可选的。这些是 1 到 255 个需要进行测试的条件，测试结果可以为 TRUE 或 FALSE。

例如：公式"＝OR(TRUE,FALSE,TRUE)"结果为"TRUE"。

（4）NOT

函数说明：对参数值求反。当要确保一个值不等于某一特定值时，可以使用 NOT 函数。

函数语法：NOT(Logical)，其中：

Logical，必需。一个计算结果可以为 TRUE 或 FALSE 的值或表达式。

例如：公式"＝NOT(FALSE)"是对 FALSE 求反，其结果为"TRUE"；

公式"＝NOT(1＋1=2)"是对计算结果为 TRUE 的公式求反，其结果为"FALSE"。

7. 数据的筛选

Excel 2010 的数据筛选分为"筛选"和"高级筛选"，其中"筛选"等同于以前版本中的"自动筛选"。"筛选"和"高级筛选"都在功能区的"数据——排序和筛选"中，如图 2-1-26 所示。

图 2-1-26 "数据"选项卡中"排序和筛选"组

（1）筛选

"筛选"即自动筛选，使用自动筛选来筛选数据，可以快速而又方便地查找和使用单元格区域或表中数据的子集，该类筛选适合于比较简单的数据筛选。

1)"筛选"的建立

"筛选"可以创建三种筛选类型：按值列表、按颜色或按条件。对于每个单元格区域或列表来说，三种筛选类型之间互斥，如：不能既按"单元格颜色"又按"数字列表"进行筛选，只能在两者中任选其一；不能既按图标又按自定义筛选进行筛选，只能在两者中任选其一。

任何筛选的建立都是一样的步骤，首先，选中要筛选字段的所有单元格（包括字段名），其次单击"数据——排序和筛选——筛选"，此时，数据列的字段名上自动出现一个筛选器按钮。单击该按钮，会出现一个筛选菜单，用户可以在该菜单中设置筛选条件，可以按条件筛选、按颜色筛选、按值列表筛选，其中按条件筛选又分"数字筛选"、"文本筛选"、"日期筛选"等，具体情况根据数据列的数据类型自动显示，如图 2-1-27 所示即为数值数据列的条件筛选。若按值列表筛选，则只要在列表中选中要筛选的值即可，如图 2-1-28 所示。

图 2-1-27 自动筛选的筛选菜单　　　图 2-1-28 按值筛选的数据值列表

若按颜色筛选,则前提条件是单元格数据中已经设置了颜色,默认的黑色除外。只要前提条件满足,就可以按颜色筛选,具体如图 2-1-29 所示。

图 2-1-29 筛选菜单的"按颜色筛选"菜单项

若对数值型数据进行筛选,则筛选命令为"数字筛选"。用户可以设的条件直接根据数据的大小关系来选择,如"大于..."或"不等于..."等;也可以同所选数据的平均值进行比较,如"高于平均值";还可以筛选最大或最小的 n 个值,n 的大小必须小于等于所选数据个数,用"10 个最大值...";还可以"自定义筛选..."。"数字筛选"及其筛选条件菜单如图 2-1-30 所示。

图 2-1-30 筛选菜单的"数字筛选"菜单项

若对文本型数据进行筛选,则筛选命令为"文本筛选",其筛选条件如图 2-1-31。

图 2-1-31　筛选菜单中的"文本筛选"菜单项

例 1:现有一列数据,要求筛选该列数据,使其只显示大于 0 的数。该筛选只要在筛选菜单中选择"数字筛选",在其筛选条件菜单中选择"大于..."。在弹出的对话框中设置数据"大于""0",如图 2-1-32 所示。确定后,筛选结果如图 2-1-34 所示。

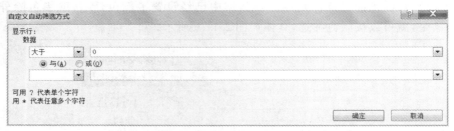

图 2-1-32　"自定义自定筛选"方式对话框

例 2,同上例,若要筛选数据中最小的 3 个数,则筛选条件要设为"数字筛选"中的"最大的 10 个数",在弹出的"自动筛选前 10 个"对话框中设置"最小"的"3"个数,如图 2-1-33 所示,其筛选结果如图 2-1-35 所示。

图 2-1-33　"自动筛选前 10 个"对话框

图 2-1-34　例 1 的筛选结果

图 2-1-35　例 2 的筛选结果

注意:"筛选"结果只是将不符合要求的数据记录隐藏起来,并没有被删除,当"筛选"被取消后,所有数据都能重新显示。

筛选还可以按多列进行筛选。筛选器是累加的,这意味着每个追加的筛选器都基于当前筛选器,从而进一步减少所显示数据的子集,即筛选条件越多,符合条件的数据就越少,每一个筛选器的设置都同上。

2)"筛选"的取消

只需再次单击"数据——排序和筛选——筛选",此时,不管数据区中有多少个筛选器,都一次全取消,数据列表还原。

若只是要取消多条件筛选中的其中一个筛选条件,则单击该列标题上的"筛选"按钮,然后单击"从〈"Column Name"〉中清除筛选",〈"Column Name"〉是当前要清除筛选的字段名。

(2)高级筛选

若要筛选的数据需要复杂条件时(例如,类型＝"农产品" OR 销售人员＝"李小明"),则可以使用"高级筛选"。高级筛选与自动筛选不同,首先,高级筛选显示"高级筛选"对话框,而不是"自动筛选"菜单,其次,要在工作表上建立单独条件区域并在其中键入筛选条件。"高级筛选"对话框如图 2-1-36 所示。

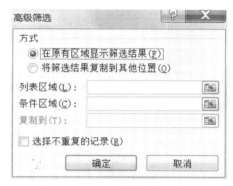

图 2-1-36　"高级筛选"对话框

在该对话框中"列表区域"为参与筛选的数据列表,"条件区域"为用户设置的高级筛选条件区;还可以设置筛选结果的显示位置,既可以"在原有区域显示筛选结果",也可以"将筛选结果复制到其他位置",该位置可以自己在"复制到"框中设置。

高级筛选的条件区域设置是关键。筛选的多个条件既可以是"与"条件,也可以是"或"条件,"或与"条件,"与或"条件的组合使用,还可以使用"计算"条件。

1) 条件区域建立

首先将在表格的空白位置上任选一个区域,该区域与数据区域之间至少要有一个空行或空列。将多个条件的字段名写在条件区域的第一行上,这些字段名最好是通过从数据表中复制的方式来获得,以避免字段名出错。

接着从条件区域的第二行开始输入每个字段的相关条件。条件区域的条件一般用"比较运算符"来设置一个比较的关系表达式,如"＞＝10000",若条件成立,则符合条件的记录(数据行)被显示。而"比较运算符"有"＞"、"＜"、"＞＝"、"＜＝"、"＜＞"、"＝",分别表示"大于"、"小于"、"大于等于"、"小于等于"、"不等于"、"等于"情况。

> **注意**：若是"＝"比较运算，为了区别该"＝"不是某个公式起始符号，"＝"关系需写成"＝"条目""，其中，"条目"是要查找的数据或文本。"＝"比较时，还可以直接在单元格中填入要比较的文本和数据，Excel能够自动将其理解为"等于"运算，在比较运算符确定后，运算符后面的内容还可以用通配符，其中，"?"表示任意一个字符，"＊"表示任意一个字符串。

若参与筛选的多个条件必须同时满足，则这些条件是"与"条件，要将这些条件写在同一行中；若多个条件只需满足其中之一，则这些条件是"或"条件，要将这些条件写在不同行中。

2)"与"条件筛选

现有一张销售表，如图 2-1-37 中的 A1：C5 所示，要进行高级筛选，筛选条件为"类型＝"农产品" AND 销售额＞1000"。

首先，条件区域设置如图 2-1-37 的 E1：F2 所示。

	A	B	C	D	E	F
1	类型	销售人员	销售额		类型	销售额
2	饮料	方建文	¥5,122		农产品	＞1000
3	肉类	李小明	¥450			
4	农产品	郑建杰	¥6,328			
5	农产品	李小明	¥6,544			

图 2-1-37　"与"条件筛选

类型为"农产品"还可以写成等于关系的表达式，如"＝"＝农产品""，条件区域的效果如图 2-1-38 所示。

f_x	＝"＝农产品"	
D	E	F
	类型	销售额
	＝农产品	＞1000

图 2-1-38　"＝"表达式的输入方法

接着，进行"高级"筛选，筛选步骤如下：

先将单元格定位在销售数据表中，然后单击"数据——排序和筛选——高级"，弹出"高级筛选"对话框，选择"列表区域"为"Sheet1！＄A＄1：＄C＄5"（此处只要选中区域 A1：C5，列表区域内会自动填充"Sheet1！＄A＄1：＄C＄5"），"条件区域"为"Sheet1！＄E＄1：＄F＄2"，显示位置为原有区域，如图 2-1-39 所示，筛选结果见图 2-1-40。

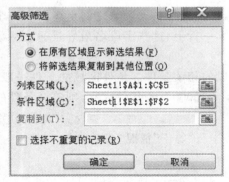

图 2-1-39　"高级筛选"对话框

	A	B	C
1	类型	销售人员	销售额
4	农产品	郑建杰	¥6,328
5	农产品	李小明	¥6,544

图 2-1-40　"与"条件的筛选结果

3)"或"条件筛选

主要是条件区域的设置和"与"条件筛选不同,还是上述案例,若要筛选"类型＝"农产品"OR 销售人员＝"李晓明""的数据,则筛选条件要设置如图 2-1-41 所示。其他操作都和"与"条件筛选相同,这里不作赘述。

图 2-1-41 "或"条件筛选

4)高级筛选的清除

若要取消此次高级筛选,只需单击"数据——排序和筛选——清除",如图 2-1-42 所示。

图 2-1-42 高级筛选的"清除"命令

2.1.4 任务实施

打开文件"某公司职工工资统计表.xls",其 Sheet1 中已经构建好 5 张表,其中"职工工资统计表"如图 2-1-43 所示。

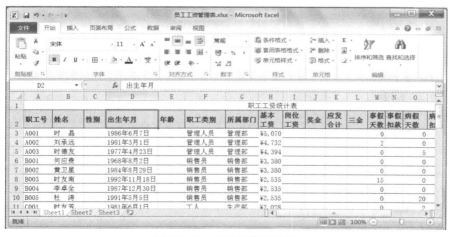

图 2-1-43 职工工资统计表

1.数据有效性的应用

具体要求如下:

在 Sheet1 的"职工工资表"的"性别"列中,填入职工性别列数据,如下:"女,男,男,男,女,女,男,男,女,男,男,女,女,男"。要求:为使数据输入更加规范化,在"性别"列单元格中进行数据有效性控制,使数据以"男,女"的序列方式来填充。

操作步骤:

(1)先设置"性别"列的数据有效性。选中该列的单元格(A3：A16),然后在功能区中选择"数据——数据工具——数据有效性",在下拉菜单中选择"数据有效性"。

(2)在弹出的"数据有效性"对话框中进行如下设置:选择"设置"选项卡,在有效性条件的"允许"中选择"序列",在"来源"中输入"男,女",两者之间的",",是英文标点符号,最后单击"确定"。

(3)此时"性别"列的每个单元格都已经生成了一个下拉菜单,菜单项为"男,女"。

(4)在"性别"列用菜单选择的方式填入"女,男,男,男,女,女,男,男,女,男,男,女,女,男",结果如图 2-1-45 的 C 列所示。

2.利用日期和时间函数来计算职工年龄

具体要求:

根据"出生年月"列数据,得出职工的"年龄",并填入 E 列相应位置。"年龄"可以用当前日期的年份减去"出身年月"的年份来获得。当前日期可以用 NOW 函数获取,而日期中的年份则用 YEAR 函数获得。

操作步骤:

(1)选中 E3 单元格,在功能区中选择"公式"选项卡,然后在"函数库"组中选择"日期和时间",在其下拉菜单中选择函数 YEAR。

(2)在 YEAR 函数对话框的参数位置输入 NOW(),单击"确定"以获得当前日期的年份,如图 2-1-44 所示。

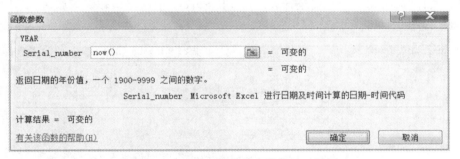

图 2-1-44　YEAR 函数的参数设置对话框

(3)确定后该单元格中显示的是当前的年份,职工的年龄还要再减去一个出生年份。因此,定位在 E3 中,在编辑栏的公式后边输一个"—",再按照上述方法插入一个 YEAR 函数,然后在 YEAR 函数参数对话框中,设置参数 Serial_number 为 D3,再确定,结果公式为"＝YEAR(NOW())—YEAR(D3)"。

(4)此时 E3 中的结果为该职工的年龄,然后利用填充柄将公式复制到整个"年龄"列即可。结果如图 2-1-45 的 E 列所示。

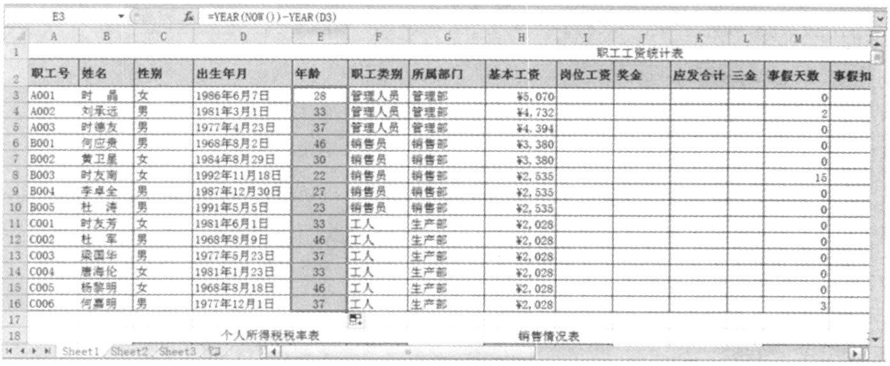

图 2-1-45　"年龄"列的计算结果

3."查找和引用"函数 VLOOKUP 的应用

具体要求：

根据"岗位和奖金分配表"，填充"岗位工资"并计算"奖金"。"岗位工资"、"奖金"列数据都要参照"岗位和奖金分配表"。"岗位和奖金分配表"所处位置（R18：I22）如图 2-1-46 所示。

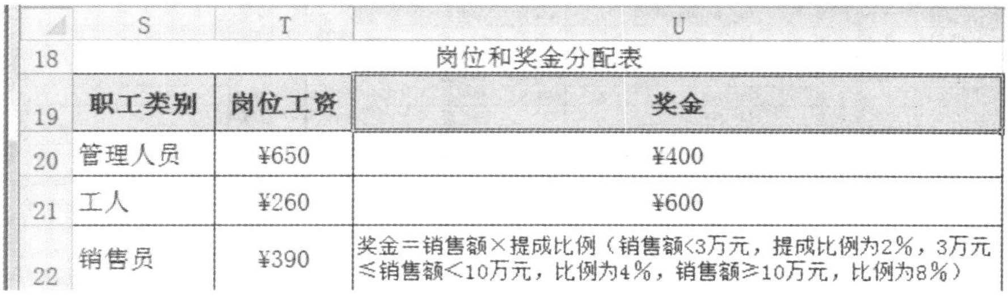

	S	T	U
18	岗位和奖金分配表		
19	**职工类别**	**岗位工资**	**奖金**
20	管理人员	¥650	¥400
21	工人	¥260	¥600
22	销售员	¥390	奖金＝销售额×提成比例（销售额<3万元，提成比例为2％，3万元≤销售额<10万元，比例为4％，销售额≥10万元，比例为8％）

图 2-1-46　"岗位和奖金分配表"位置

操作步骤：

（1）选中"岗位工资"列的第一个单元格 I3，在功能区选择"公式——函数库——查找和引用"，在弹出的下拉菜单中选择函数 VLOOKUP。

（2）在 VLOOKUP 的"函数参数"对话框中，设置相关参数。该函数的四个参数设置如图 2-1-47 所示，第一个参数为该职工的"职工类别"F3；第二个参数为"岗位和奖金分配表"，由于该公式要进行公式复制，而"岗位和奖金分配表"的位置应该保持不变，因此，此处单元格用"绝对引用"；第三个参数是设置函数返回结果在"岗位和奖金分配表"中的位置（第 2 列），因此，此处填"2"；最后一个参数输入"False"，是规定该函数查找时精确查找，如果查不到，则会返回出错信息。

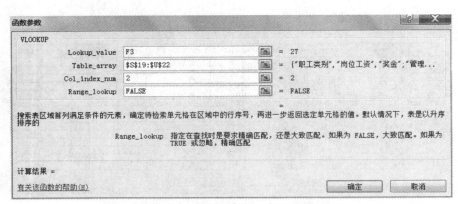

图 2-1-47　VLOOKUP 函数的参数设置对话框

（3）设好参数，单击"确定"。该公式输入完毕，然后利用填充柄对该列进行公式复制。结果如图 2-1-48 所示。

图 2-1-48　"岗位工资"计算结果

（4）"奖金"的计算要分两种情况，"管理人员"和"工人"两类人，只要在"岗位和奖金分配表"中查找就能直接填充，但是"销售员"的奖金则要根据"销售情况表"的数据进行计算获得。"销售情况表"在 Sheet1 中的位置（H18：I24）如图 2-1-49 所示。

图 2-1-49　"销售情况表"位置

4. 利用"筛选"对数据进行分类计算

具体要求：

对所有职工进行奖金的输入，由于"销售员"的奖金是根据其销售额度来计算，不同销售额所折算的奖金数不同，而其他人员的奖金是定值。因此，可以对数据根据人员类别进行分类，"管理人员"和"工人"一类，"销售员"一类，然后分别处理。

操作步骤：

（1）对"管理人员"和"工人"的奖金进行填充。可以先将"职工工资统计表"中的数据根据"职工类别"进行"筛选"。在"职工工资统计表"中选中"职工类别"列，功能区中选择"数据"选项卡，在其中的"排序和筛选"组里，单击 ⧩ 按钮，给"职工类别"字段名添加列筛选器 ▾ ，单击 ▾ ，在出现的对话框中按值筛选，选中"管理人员"和"工人"，最后单击"确定"。

（2）在数据筛选出来后，选中"奖金"列第一个单元格，再次插入 VLOOKUP 函数，查找"岗位工资和奖金分配表"的第三列"奖金"，输入公式"＝VLOOKUP(G3，$S$19：$U$22，3，FALSE)"，然后将该公式复制到该列其他单元格。

（3）单击"数据——排序和筛选"组中的 ⧩ 按钮，以取消筛选。此时"奖金"列数据如图 2-1-50 所示，所有"销售员"的奖金空缺。

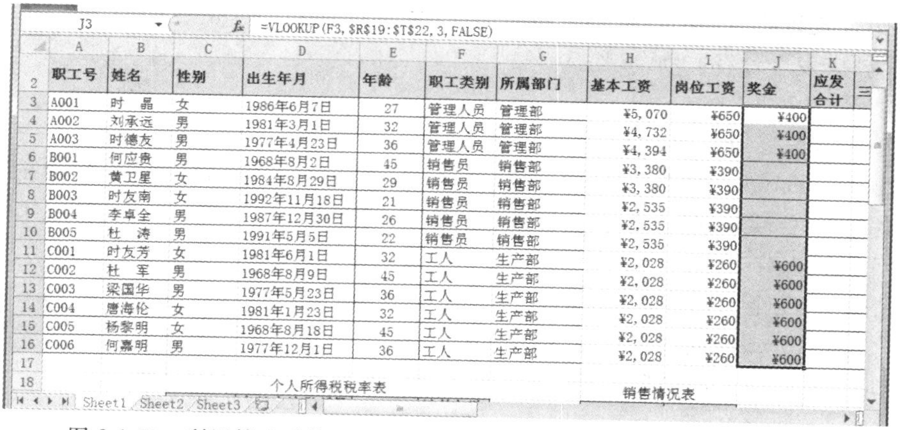

图 2-1-50　利用筛选功能和 VLOOKUP 函数计算的非销售员的奖金结果

（4）选择 J6 单元格进行第一个销售人员的奖金计算。由于奖金＝销售额×提成比例（销售额＜3 万元，提成比例为 2％，3 万元≤销售额＜10 万元，比例为 4％，销售额≥10 万元，比例为 8％），因此要使用逻辑函数 IF，而函数中的判断条件要用 VLOOKUP 函数从"销售情况表"中获取。

在 J6 单元格中输入公式为"＝IF(VLOOKUP(A7，$H$19：$I$24，2，FALSE)＜30000，VLOOKUP(A7，$H$19：$I$24，2，FALSE)＊2％，IF(VLOOKUP(A7，$H$19：$I$24，2，FALSE)＜100000，VLOOKUP(A7，$H$19：$I$24，2，FALSE)＊4％，VLOOKUP(A7，$H$19：$I$24，2，FALSE)＊8％))"。该公式中，IF 函数要实现嵌套，因此，外层 IF 函数是先用销售额来与 30000 比较，当销售额 VLOOKUP(A7，$H$19：$I$24，2，FALSE)小于 30000 时，奖金是销售额的 2％，即 IF 的 Value_if_true 上填 VLOOKUP(A7，$H$19：$I$24，2，FALSE)＊2％，Value_if_false 位置再插入一个 IF 函数，该 IF 是销售额同 100000 比较，小于 100000 的，奖金为销售额的 4％，否则是销售额的 8％，方法同外层 IF。确定后，复制公式，计算其他销售员的奖金，结果如图 2-1-51 所示。

J7 =IF(VLOOKUP(A7, $H$19:$I$24, 2, FALSE)<30000, VLOOKUP(A7, $H$19:$I$24, 2, FALSE)*2%, IF(

职工号	姓名	性别	出生年月	年龄	职工类别	所属部门	基本工资	岗位工资	奖金	应发合计	三金
A001	时 晶	女	1986年6月7日	27	管理人员	管理部	¥5,070	¥650	¥400		
A002	刘承远	男	1981年3月1日	32	管理人员	管理部	¥4,732	¥650	¥400		
A003	时德友	男	1977年4月23日	36	管理人员	管理部	¥4,394	¥650	¥400		
B001	何应贵	男	1968年8月2日	45	销售员	销售部	¥3,380	¥390	¥560		
B002	黄卫星	女	1984年8月29日	29	销售员	销售部	¥3,380	¥390	¥1,800		
B003	时友南	女	1992年11月18日	21	销售员	销售部	¥2,535	¥390	¥400		
B004	李卓全	男	1987年12月30日	26	销售员	销售部	¥2,535	¥390	¥2,400		
B005	杜 涛	男	1991年5月5日	22	销售员	销售部	¥2,535	¥390	¥9,600		
C001	时友芳	女	1981年6月1日	32	工人	生产部	¥2,028	¥260	¥600		
C002	杜 军	男	1968年8月9日	45	工人	生产部	¥2,028	¥260	¥600		
C003	梁国华	男	1977年5月23日	36	工人	生产部	¥2,028	¥260	¥600		
C004	唐海伦	女	1981年1月23日	32	工人	生产部	¥2,028	¥260	¥600		
C005	杨黎明	女	1968年8月18日	45	工人	生产部	¥2,028	¥260	¥600		
C006	何嘉明	男	1977年12月1日	36	工人	生产部	¥2,028	¥260			

图 2-1-51 销售员的"奖金"结果

5. 利用数组公式来进行数据计算

具体要求：

用数组公式计算"应发合计"和应缴纳的"三金"。"三金"为"养老金"、"医疗金"、"公积金"，分别为"应发合计"的 8%、2%、10%。

操作步骤：

(1)选中"应发合计"列中的单元格(K3：K16)，直接输入"＝"，然后选取"基本工资"列整列数据(H3：H16)，输入"＋"，接着选择"岗位工资"列全部数据(I3：I16)，再按"＋"，最后选择"奖金"列全部数据(J3：J16)，此时 K3 中显示公式为"＝H3：H16＋I3：I16＋J3：J16"，按"Ctrl＋Shift＋Enter"确认，此时"应发合计"列中所有的单元格都自动填充完公式。

(2)先选中"三金"列所有单元格，由于"养老金"、"医疗金"、"公积金"分别为"应发合计"的 8%、2%、10%，因此"三金"的计算公式为"＝K3：K16＊20%"，按"Ctrl＋Shift＋Enter"后，"应发合计"和"三金"的计算结果如图 2-1-52 所示。

L3 {=K3:K16*20%}

姓名	性别	出生年月	年龄	职工类别	所属部门	基本工资	岗位工资	奖金	应发合计	三金	事假天数
时 晶	女	1986年6月7日	27	管理人员	管理部	¥5,070	¥650	¥400	¥6,120.00	¥1,224	
刘承远	男	1981年3月1日	32	管理人员	管理部	¥4,732	¥650	¥400	¥5,782.00	¥1,156	
时德友	男	1977年4月23日	36	管理人员	管理部	¥4,394	¥650	¥400	¥5,444.00	¥1,089	
何应贵	男	1968年8月2日	45	销售员	销售部	¥3,380	¥390	¥560	¥4,330.00	¥866	
黄卫星	女	1984年8月29日	29	销售员	销售部	¥3,380	¥390	¥1,800	¥5,570.00	¥1,114	
时友南	女	1992年11月18日	21	销售员	销售部	¥2,535	¥390	¥400	¥3,325.00	¥665	1
李卓全	男	1987年12月30日	26	销售员	销售部	¥2,535	¥390	¥2,400	¥5,325.00	¥1,065	
杜 涛	男	1991年5月5日	22	销售员	销售部	¥2,535	¥390	¥9,600	¥12,525.00	¥2,505	
时友芳	女	1981年6月1日	32	工人	生产部	¥2,028	¥260	¥600	¥2,888.00	¥578	
杜 军	男	1968年8月9日	45	工人	生产部	¥2,028	¥260	¥600	¥2,888.00	¥578	
梁国华	男	1977年5月23日	36	工人	生产部	¥2,028	¥260	¥600	¥2,888.00	¥578	
唐海伦	女	1981年1月23日	32	工人	生产部	¥2,028	¥260	¥600	¥2,888.00	¥578	
杨黎明	女	1968年8月18日	45	工人	生产部	¥2,028	¥260	¥600	¥2,888.00	¥578	
何嘉明	男	1977年12月1日	36	工人	生产部	¥2,028	¥260	¥600	¥2,888.00	¥578	

图 2-1-52 "应发合计"和"三金"的计算结果

6. 事病假扣款额、所得税和实发工资的计算

◇ **具体要求一：**

根据"事病假扣款表"计算"事假扣款"和"病假扣款"，再计算"应发工资"。应发工资＝应发合计－三金－事假扣款－病假扣款。

操作步骤：

（1）"事假扣款"和"病假扣款"要根据"事病假扣款表"来进行计算，"事病假扣款表"在
Sheet1 中的位置（M18：P23）如图 2-1-53 所示。

病事假天数	应扣款金额（元）		
	事假	病假	
		工人	其他人员
≤15	（应发合计/22）×事假天数	¥200	¥300
>15	应发合计×80%	¥400	¥500

图 2-1-53　"事病假扣款表"位置

（2）"事假扣款"是当事假天数≤15 天时，扣款为（应发合计/22）×事假天数，否则，扣款
为应发合计×80%。选择"事假扣款"列第一个单元格 N3，插入 IF 函数，其函数公式为"＝
IF（M3＜＝15，M3＊K3/22，K3＊80%）"，其中 K3 是"应发合计"，M3 是"事假天数"。计算
结果图 2-1-54 的 N 列所示。

（3）"病假扣款"中，"工人"是"病假天数"≤15 天时，扣款为 200 元，否则为 400 元；其他
人员"病假天数"≤15 天时，扣款为 300 元，否则为 500 元。因此，"病假扣款"的计算公式为
"＝IF（O3＝0，0，IF（F3＝"工人"，IF（AND（O3＞0，O3＜＝15），200，400），IF（AND（O3＞
0，O3＜＝15），300，500）））"，其中 F3 是"职工类别"，O3 是"病假天数"，由于"病假天数"为
"0"，也属于"病假天数"≤15，因此，必须把没请病假的人单独处理，所以有当"O3＝0"时，扣
款为"0"。IF 的嵌套参照前面例题。计算结果如图 2-1-54 的 P 列所示。

（4）应发工资＝应发合计－三金－事假扣款－病假扣款，在"应发工资"列的第一个单
元格 Q3 中输入公式"＝K3－L3－N3－P3"，确认后，将该公式向下复制，将"应发工资"列
填充。结果如图 2-1-54 的 Q 列所示。

职工工资统计表

岗位工资	奖金	应发合计	三金	事假天数	事假扣款	病假天数	病假扣款	应发工资	所得税	实发工资
¥650	¥400	¥6,120.00	¥1,224	0	¥0.00	0	¥0	¥4,896		
¥650	¥400	¥5,782.00	¥1,156	2	¥525.64	0	¥0	¥4,100		
¥650	¥400	¥5,444.00	¥1,089	0	¥0.00	5	¥300	¥4,055		
¥390	¥560	¥4,330.00	¥866	0	¥0.00	0	¥0	¥3,464		
¥390	¥1,800	¥5,570.00	¥1,114	0	¥0.00	0	¥0	¥4,456		
¥390	¥400	¥3,325.00	¥665	15	¥2,267.05	0	¥0	¥393		
¥390	¥2,400	¥5,325.00	¥1,065	0	¥0.00	0	¥0	¥4,260		
¥390	¥9,600	¥12,525.00	¥2,505	0	¥0.00	20	¥500	¥9,520		
¥260	¥600	¥2,888.00	¥578	0	¥0.00	2	¥200	¥2,110		
¥260	¥600	¥2,888.00	¥578	0	¥0.00	0	¥0	¥2,310		
¥260	¥600	¥2,888.00	¥578	0	¥0.00	16	¥400	¥1,910		
¥260	¥600	¥2,888.00	¥578	0	¥0.00	0	¥0	¥2,310		
¥260	¥600	¥2,888.00	¥578	0	¥0.00	0	¥0	¥2,310		
¥260	¥600	¥2,888.00	¥578	3	¥393.82	0	¥0	¥1,917		

图 2-1-54　"事假扣款"、"病假扣款"、"应发工资"计算结果

◇　具体要求二：

计算所得税和实发工资，其中个人所得税起征额为 3500，所得税＝（应发工资－3500）
＊税率－速算扣除数，税率见"个人所得税税率表"，该表在 Sheet1 中的位置（C18：F23）如
图 2-1-55 所示。

	C	D	E	F
18	个人所得税税率表			
19	级数	全月应纳税所得额	税率(%)	速算扣除数
20	1	不超过1,500元	3	0
21	2	超过1,500元至4,500元的部分	10	105
22	3	超过4,500元至9,000元的部分	20	555
23	4	超过9,000元至35,000元的部分	25	1,005

图 2-1-55　"个人所得税表"位置

操作步骤:

(1)要根据"应发工资"情况来交所得税。选中"所得税"列的第一个单元格,编辑公式"=IF(Q3-3500<=0,0,IF(Q3-3500<1500,(Q3-3500)*3%-0,IF(Q3-3500<4500,(Q3-3500)*10%-105,IF(Q3-3500<9000,(Q3-3500)*20%-555,"待审核"))))",公式中先判断"Q3-3500<=0"的情况,此类职工工资没有达到交税起征点,因此,所得税为"0",当"Q3-3500>0"时,要先判断"Q3-3500<1500",如果是,则所得税为"(Q3-3500)*3%-0",否则继续与"4500"比较,依次类推。当"Q3-3500>=9000"时,由于本单位职工工资中没有超出这个值的,因此,会用到这一档所得税的可能性很小,为避免意外,则在这里输入"待审核",从而当真的有人工资超出该档,可以人为再处理。结果如图 2-1-56 中的 R 列所示。

(2)计算"实发工资",实发工资=应发工资-所得税。选择"实发工资"列的第一个单元格 S3,输入公式"=Q3-R3",确认后,将该公式复制到整列,得到结果如图 2-1-56 的 S 列所示。

图 2-1-56　"所得税"和"实发工资"计算结果

7.利用文本函数 REPLACE 对职工号进行升级

具体要求:

在"职工号"和"姓名"之间增加一列"新职工号"。对职工号进行升位处理,在原"职工号"前增加"F1"。

操作步骤:

(1)选择"姓名"列中的任意一个单元格,单击功能区的"开始——单元格——插入"命令,再点击其右边的下拉箭头,在弹出的下拉菜单中选择"插入工作表列"命令,以插入一列。

(2)在插入的列中,将字段名命名为"新职工号",然后选择该列的第一个单元格,选择"公式——函数库——文本"命令,在弹出的下拉菜单中选择 REPLACE 函数。

(3)在 REPLACE 函数的"函数参数"对话框中,对该函数的相关参数进行设置,具体结果如图 2-1-57 所示,确定后,B3 中显示的公式为"=REPLACE(A3,1,0,"F1")",公式中 A3 是原"职工号","1"表示从第一个字符的位置,"0"表示替换 0 个字符,""F1""是要替换的新字符串,此处必须将 F1 用英文标点符的双引号括起来。

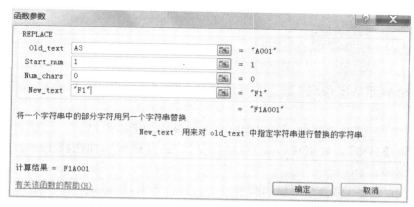

图 2-1-57 REPLACE 函数的参数设置对话框

(4)确认后再将该公式复制到"新职工号"列的其他单元格,生成的结果如图 2-1-58 所示。

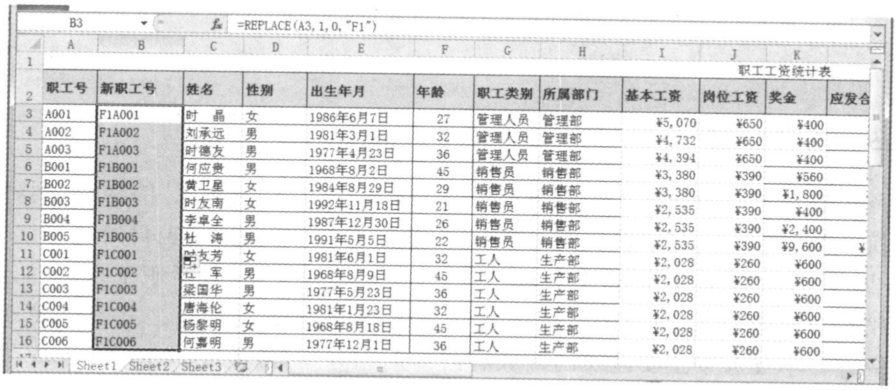

图 2-1-58 "新职工号"列的结果

8.高级筛选在数据分析中的应用

具体要求:

对工资表进行分析,使其只显示"销售部"的"全勤"记录。

操作步骤:

(1)先将该筛选的条件设置成一个条件区域,该条件中满足三个要求,分别是:"所属部门"为"销售部","事假天数"和"病假天数"均为"0",这三个要求要同时满足。选择"所属部门"、"事假天数"和"病假天数"三个字段的字段名，并复制，然后在 Sheet1 中选择空白区域，该区域要与所有已有表格之间都有空行或空列，此处选择 V4 单元格，进行粘贴。接着在每个字段名的下一个单元格中输入条件表达式，"所属部门"下面输入"销售部"，"事假天数"和"病假天数"下面，分别写"0"，如图 2-1-59 所示。

图 2-1-59　高级筛选条件设置及其位置

（2）把活动单元格定位到"职工工资统计表"中，选"数据——排序和筛选——高级"命令。

（3）在"高级筛选"对话框中，选择"在原有区域显示筛选结果(F)"；设置"列表区域"，即选择"职工工资统计表"的数据区（A2：T16）；设置"条件区域"，即选择上述的三个条件所在区域（V4：X5）。

（4）单击"确定"后，筛选结果显示只有三个人符合要求，如图 2-1-60 所示。

职工号	新职工号	姓名	性别	出生年月	年龄	职工类别	所属部门	基本工资	岗位工资	奖金	应发合
B001	F1B001	何应贵	男	1968年8月2日	45	销售员	销售部	¥3,380	¥390	¥560	
B002	F1B002	黄卫星	女	1984年8月29日	29	销售员	销售部	¥3,380	¥390	¥1,800	
B004	F1B004	李卓全	男	1987年12月30日	26	销售员	销售部	¥2,535	¥390	¥2,400	

图 2-1-60　筛选结果

2.1.5　任务总结

本任务主要对某公司的职工工资进行管理，从"职工工资统计表"的构建，到各种数据的计算和统计都有涉及。在数据表构建时，运用数据有效性设置，设定自定义序列，从而是数据输入内容更加规范。在计算工资时，又用到很多其他数据，包括职工事假、病假情况，销售员的销售情况等，然后根据公司中的各种准则，利用函数和数组公式等手段来对职工工资进行统计。本任务中主要涉及的函数有："日期和时间"函数 YEAR 和 NOW，"查找和引用"函数 VLOOKUP，"文本"函数 REPLACE，"逻辑"函数 IF 等。还运用了 Excel 的筛选和高级筛选功能，通过筛选和高级筛选对数据进行分析和统计。

任务 2.2　某超市休闲食品销售情况统计

2.2.1　任务提出

超市的营运要涉及很多货物，每种货物又可以有很多供货商，还拥有不同的品牌和不同的价格，情况比较复杂，因此在超市管理上，货物的库存和销售情况必须经常统计，且统计和分析都比较繁琐，因此可以借助 Excel 的数据统计和分析功能，来实现对超市中货物及其销售的管理。现有某超市休闲食品类的相关数据，要根据提供的数据对该超市一周内的库存和销售情况进行统计和分析。

2.2.2　任务分析

超市货物销售情况管理，首先应具有一个所有商品的相关数据库，该库中的数据应该包含商品名、规格、商品条码、价格、库存量等，这些数据可以通过建立相应的 Excel 表格来进行管理。除此之外，商品上架后还要进行销售，因此销售情况统计也很关键。一般超市商品出售价格可能有多重，常见的有会员价和非会员价之分，有时还会有促销价，因此，要建立一个与销售相关的表，当商品售出后，库存量信息要更新。上述数据统计好后，还要能够对库存和销售信息进行分析，分析的手段有多种，可以借助函数来进行统计，主要是数据库函数；也可以借助于 Excel 提供的数据透视表和透视图来进行统计分析。

2.2.3　相关知识与技能

1. 数据库函数

Excel 的数据库函数是将数据列表看做一个数据库，然后根据条件区域给出的条件对数据库中的数据进行统计分析。我们知道函数既可以在"公式"选项卡的"函数库"中找，也可以在"插入函数"对话框中找，但是在功能区没有被自定义的状态下，数据库函数则只能在"插入函数"对话框中才能找到。

首先在"公式——函数库"中，单击"插入函数"按钮。

接着在"插入函数"对话框中，选择类别为"数据库"，在其下的函数列表中找到所有的数据库函数，如图 2-2-1 所示。

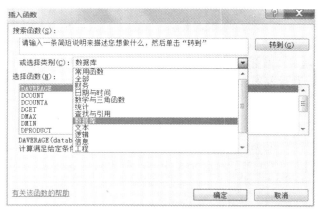

图 2-2-1　"插入函数"对话框中的"数据库"函数

根据函数所具有的功能不同,可将数据库分为"数据库信息函数"和"数据库分析函数","数据库信息函数"是直接获取数据库中的信息;"数据库分析函数"是分析数据库的数据信息,它们的函数语法格式都相同,为:

函数名称(Database,Field,Criteria),其中:

Database,必需,构成数据清单或数据库的单元格区域;

Field,必需,指定函数所使用的数据列;

Criteria,必需,一组包含给定条件的单元格区域,该条件区域的设置方法和高级筛选的方法相似。

(1)数据库信息函数

1)DCOUNT

函数说明:返回数据库中满足指定条件的记录字段中数值型数据个数。

函数语法:DCOUNT(Database,Field,Criteria),其中:

Database:构成数据库的单元格区域;

Field:指定函数所使用的数据列,可以是数据列的字段名,也可以是该字段名所在的单元格引用表示,还可以是该数据列在数据清单中的位置,即第几列;

Criteria:一组包含给定条件的单元格区域,该条件区域的设置方法和高级筛选的方法相似。

例如:现要统计一个销售表中"李小明"的销售记录个数,数据区域如图 2-2-2 中的 A1：C5 所示。先设置条件区域为"销售人员"是"李小明",函数插入后的设置如图 2-2-2 所示。

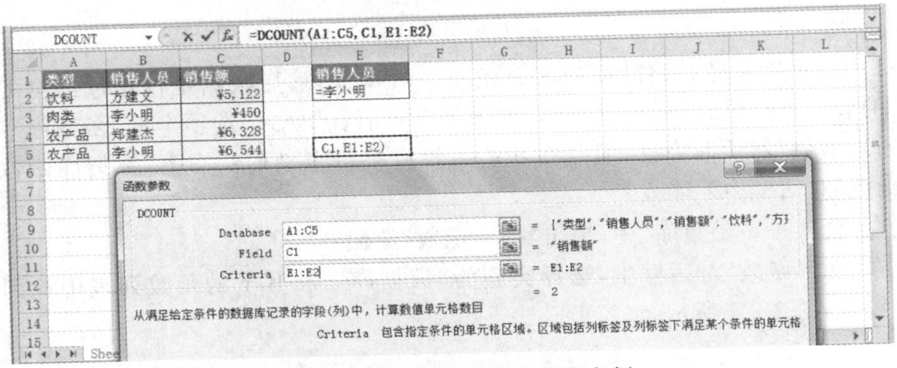

图 2-2-2　DCOUNT 函数使用案例

该例中的 Field 字段只要选择数据表中数据内容为数值型数据列的字段名,在上图中只有"销售额"列满足要求,因此,此处设"C1"。该函数结果为"2";Field 参数还可以写"3"("销售额"为第 3 列),其函数结果不变。

2)DCOUNTA

函数说明:返回数据库中满足指定条件的记录字段中非空单元格的个数。

函数语法:DCOUNTA(Database,Field,Criteria),参数说明同 DCOUNT。

该函数在应用时和 DCOUNT 的区别是 Field 参数只要选择没有空单元格的字段(列)即可。

3）DGET

函数说明：从数据库的列中提取符合指定条件的单个值，该值必须唯一。

函数语法：DGET(Database，Field，Criteria)，参数说明同 DCOUNT。

（2）数据库分析函数

1）DAVERAGE

函数说明：对数据库中满足指定条件的记录字段的数值求平均值。

函数语法：DAVERAGE (Database，Field，Criteria)，参数说明同 DCOUNT。

函数应用方法同 DCOUNT，只要将 Field 参数设为要求平均值的字段（列）。

2）DSUM

函数说明：返回数据库中满足指定条件的记录字段中的数字和。

函数语法：DSUM (Database，Field，Criteria)，参数说明同 DCOUNT。

函数应用方法同 DCOUNT，只要将 Field 参数设为要求和的字段（列）。

3）DMAX、DMIN

函数说明：返回数据库中满足指定条件的记录字段中的最值，其中 DMAX 是返回最大值，DMIN 返回最小值。

函数语法：DMAX (Database，Field，Criteria)、DMIN (Database，Field，Criteria)，参数说明同 DCOUNT。

函数应用方法同 DCOUNT，只要将 Field 参数设为要求最值的字段（列）。

2.信息函数

Excel 的信息函数用以确定存储在单元格中数据的类型。信息函数包含一组由 IS 开头的函数，我们称之为 IS 类函数，该类函数的返回值是逻辑型，在单元格满足条件时返回 TRUE，否则返回 FALSE。

插入信息函数可以通过"插入函数"对话框，也可以在"公式——函数库——其他函数"中，找到"信息"，然后在弹出的级联菜单中选择相应的函数，如图 2-2-3 所示。

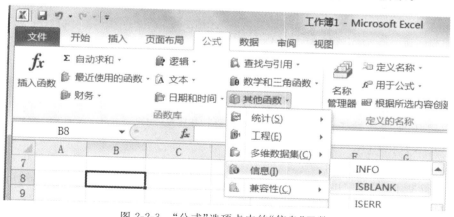

图 2-2-3 "公式"选项卡中的"信息"函数

信息类函数主要有如下几个函数：

（1）ISTEXT、ISNONTEXT、ISBLANK、ISNUMBER、ISLOGICAL

上述函数都是用来判断数据类型，ISTEXT 用以判断是否为文本，ISNONTEXT 是判断是否不是文本,ISBLANK 是判断是否为空格,ISNUMBER 判断是否为数字,ISLOGI-CAL 判断是否为逻辑值,它们的判断结果都是逻辑型,若判断结果为真,则返回 TRUE,否则返回 FALSE。

该类函数的函数语法相同:

函数名(Value),Value 即要判断的值,可以是值本身,也可以是单元格引用。

(2)ISEVEN、ISODD

函数 ISEVEN 和函数 ISODD 用来判断数值的奇偶性,其中 ISEVEN 判断是否为偶数,ISODD 判断是否为奇数,返回结果也是逻辑值。

函数语法格式同上。

3.统计函数

Excel 的统计函数用于对数据区域进行统计分析,这些分析有很多方面,比如统计量计算、频数分布处理、概率分布处理等等,一般常用的统计函数是统计量计算类,而该类中也分成数值统计、集中趋势测度、离散程度测度等。

插入统计函数的方法是既可以通过"插入函数"对话框,也可以在"公式——函数库——其他函数"中,找到"统计"项,再在其下级菜单中选择相应的函数,如图 2-2-4 所示。

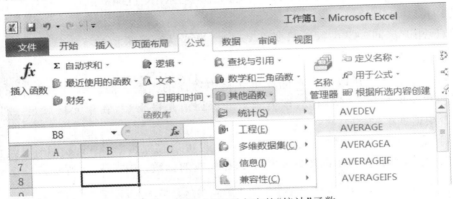

图 2-2-4 "公式"选项卡中的"统计"函数

(1)COUNT(COUNTA)、COUNTBLANK、COUNTIF

此类函数是用来统计某些特定内容的数据个数。COUNT 函数用来统计数值型数据个数;COUNTA 函数用以统计非空单元格个数;COUNTBLANK 函数用来统计空单元格个数;COUNTIF 则是根据条件统计,统计符合条件的数据个数。

1)COUNT 和 COUNTA

函数语法:

函数名(Value1,[Value2],...),其中 Value1 为必需,Value2 及其后的参数都为可选,此处最多可以有 255 个参数。

例如:

公式"=COUNTA(A2:A8)"是用来计算单元格区域 A2 到 A8 中非空单元格的个数。

公式"=COUNT(A2:A8)"是用来计算单元格区域 A2 到 A8 中数值型数据的个数。

2)COUNTBLANK

函数语法为：

COUNTBLANK(Range)，Range 为必需。是需要计算其中空白单元格个数的区域。

例如："＝COUNTBLANK(A2：B5)"是用来计算单元格区域 A2 到 B5 区域中空单元格的个数。

3)COUNTIF

函数说明：对区域中满足单个指定条件的单元格进行计数。

函数语法：COUNTIF(Range，Criteria)，其中：

Range，必需。要对其进行计数的单元格区域。

Criteria，必需。用于定义将对哪些单元格进行计数，可以是数字、表达式、单元格引用或文本字符串。

例如：有一个水果销售量统计表如图 2-2-5，要在该表中统计数量大于或等于 32 且小于或等于 85 的产品个数。统计公式为"＝COUNTIF(B2：B5,"＞＝32")－COUNTIF(B2：B5,"＞85")"，返回结果为"3"。

	A	B
1	产品	数量
2	苹果	32
3	橙子	54
4	桃子	75
5	苹果	86

图 2-2-5　水果销售量统计表

(2)AVERAGE(AVERAGEA)、MAX(MAXA)、MIN(MINA)

函数 AVERAGE 用来返回参数的平均值。

函数 AVERAGEA 用来返回参数的数值平均值，若参数中有逻辑值，则 TRUE 算成 1，FALSE 算 0，文本和字符串算 0。

MAX 用来返回参数中的最大值，MIN 用来返回参数中的最小值。

MAXA 和 MINA 也是用来返回最值，只是参数中可以包含逻辑值和文本等。

上述几个函数的语法格式和用法都相同。

函数语法：函数名(Number1，[Number2]，...)，其中 Number1 必需，Number2 可选，最多可以有 255 个参数。

例如：统计"1,2,3,TRUE"的平均值，则需要函数 AVERAGEA，具体公式为"＝AVERAGEA(1,2,3,TRUE)"，其计算结果为"1.4"，"TRUE"被计算成 1。

(3)RANK、RANK. AVG、RANK. EQ

函数 RANK 和 RANK. AVG、RANK. EQ 都是用来统计排名的。

函数说明：返回一个数字在数字列表中的排位，数字的排位是其大小与列表中其他值的比值。

函数语法：函数名(Number,Ref,[Order])，其中：

Number，必需。要查找其排位的数字。

Ref，必需。数字列表数组或对数字列表的引用，即排位的数据区间。Ref 中的非数值型数据将被忽略。

Order，可选。指定数字的排位方式，数值型，如果 Order 为 0(零)或忽略，Excel 对数字的排位就会基于 Ref 按降序排序。如果 Order 不为零，按升序排序。

注意：RANK 函数是 Excel 早期版本中的函数，在 Excel 2010 中已经被 RANK. AVG 和 RANK. EQ 取代。RANK 函数对相同数据排位结果和 RANK. EQ 函数相同，都是返回最优排位，而 RANK. AVE 则返回相同值的平均排位。例如，在一个降序排列的数据列中，两个相等的数排位都为 5，则比它们小的数排名从第 7 位算起，即，这两个数其实占据了第 5 和第 6 两个排位，此时，若用 RANK. AVE 函数来计算，则返回第 5 第 6 两个排位的平均值 5.5，若用 RANK. EQ 函数则返回这两个数的最佳排名，即均为第 5 名。

上述三个函数的用法相同。在 Excel 2010 中插入上述函数时，RANK. AVG 和 RANK. EQ 既可以通过"插入函数"对话框选择插入，也可以在功能区的"公式——函数库——其他函数"的"统计"菜单中选择。而 RANK 函数则只能在"插入函数"对话框中选，且选择类别要选择"全部"，如图 2-2-6。

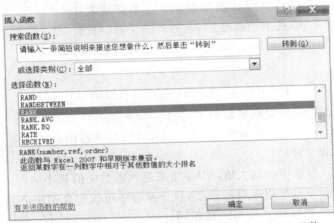

图 2-2-6　Excel 2010"插入函数"对话框中的 RANK 函数

例如：有一数据列表如图 2-2-7 所示，要统计 A3 单元格中数字"3.5"在列表中的排名，用 RANK 函数公式如下"＝RANK(A3,A2：A6,0)"，此排名为降序排序，所得结果为"2"；用 RANK. AVG 函数公式如下"＝RANK. AVG(A3,A2：A6,0)"，结果为"2.5"。用 RANK. EQ 函数公式为"＝RANK. EQ(A3,A2：A6,0)"，返回结果为"2"。

图 2-2-7　参与排名的数据列表

4. 数据透视表

Excel 2010 中，若要深入分析数据，可以创建数据透视表。数据透视表是一种交互的、交叉制表的 Excel 报表，用于对多种来源（包括 Excel 的外部数据）的数据进行汇总和分析。

数据透视表的主要功能有：

◇　以多种用户友好方式查询大量数据。

◇　对数值数据进行分类汇总和聚合，按分类和子分类对数据进行汇总，创建自定义计算和公式。

◇　展开和折叠要关注结果的数据级别，查看感兴趣区域汇总数据的明细。

◇　将行移动到列或将列移动到行（或"透视"），以查看源数据的不同汇总。

◇ 对最有用和最关注的数据子集进行筛选、排序、分组和有条件地设置格式,使用户能够关注所需的信息。

◇ 提供简明、有吸引力并且带有批注的联机报表或打印报表。

(1)创建数据透视表

具体步骤如下:

1)将单元格定位在数据列表中的任意一个单元格。

2)单击"插入——表——数据透视表",或者单击"数据透视表"下方的箭头,再单击"数据透视表",如图 2-2-8 所示。

图 2-2-8 "插入"选项卡中的"数据透视表"

图 2-2-9 "创建数据透视表"对话框

3)在显示的"创建数据表"对话框中(见图 2-2-9),在"请选择要分析的数据"下,确保已选中"选择一个表或区域",然后在"表/区域"框中验证要用作基础数据的单元格区域。

4)在"选择放置数据透视表的位置"下,执行下列操作之一来指定位置:

◇ 若要将数据透视表放置在新工作表中,并以单元格 A1 为起始位置,请单击"新建工作表"。

◇ 若要将数据透视表放置在现有工作表中,请选择"现有工作表",然后在"位置"框中指定放置数据透视表的单元格区域的第一个单元格,一般也是以 A1 为起始位置。

5)单击"确定"。Excel 会将空的数据透视表添加至指定位置并显示数据透视表字段列表,以便您可以添加字段、创建布局以及自定义数据透视表。空数据透视表和数据透视表字段列表如图 2-2-10 所示。

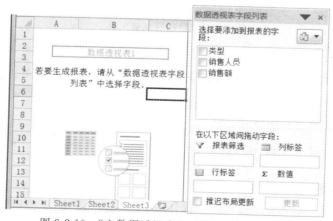

图 2-2-10 "空数据透视表"和"数据透视表字段"

6)若要向报表中添加字段,则执行下列一项或多项操作:

◇ 若要将字段放置到布局部分的默认区域中,则在字段部分中选中相应字段名称旁的复选框。

◇ 默认情况下,非数值字段会添加到"行标签"区域,数值字段会添加到"数值"区域,而联机分析处理(OLAP)日期和时间层级则会添加到"列标签"区域。

◇ 若要将字段放置到布局部分的特定区域中,则选中该字段并右键单击,弹出快捷菜单,然后选择"添加到报表筛选"、"添加到列标签"、"添加到行标签"或"添加到值",如图 2-2-11 所示。

◇ 若要将字段拖放到所需的区域,则在字段部分中单击并按住相应的字段名称,然后将它拖到布局部分中的所需区域中。

数据透视表创建好后,Excel 会自动为该透视表命名,若是第一个透视表,则命名为"数据透视表 1",若要修改数据透视表的名字,则可以选择"数据透视表工具"的"选项"选项卡,然后在"数据透视表"组的"数据透视表名称"中,直接为透视表重命名,如图 2-2-12 所示。"数据透视表工具"是在选中创建好的数据透视表后自动出现的一个工具栏,如图 2-2-13 所示。

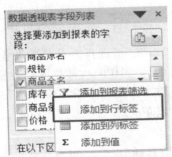
图 2-2-11 "数据透视表字段列表"中字段的右键菜单

图 2-2-12 "数据透视表"的重命名

图 2-2-13 "数据透视表工具"栏

(2)数据透视表中数据的筛选

数据透视表创建好后,行区域的字段名上会添加一个列筛选器,单击该筛选器按钮,会弹出一个菜单,操作同自动筛选,如图 2-2-14 所示。

(3)数据透视表内容的清除

若要将已经添加了字段和创建了布局的数据透视表中的内容清除,可以进行如下操作:

1)在数据透视表的任意位置单击。

2)在"数据透视表工具——选项——操作"组中,单击"清除"下方的箭头,然后单击"全部清除",如图 2-2-15 所示,此后,数据透视表还原为空数据透视表。

图 2-2-14　"数据透视表"的行区域字段的筛选示意图

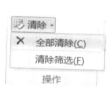

图 2-2-15　数据透视表的"清除"命令

图 2-2-16　"数据透视表"的"选择"命令

（4）删除数据透视表

1）在要删除的数据透视表的任意位置单击。

2）在"数据透视表工具——选项——操作"组中，单击"选择"下方的箭头，然后单击"整个数据透视表"，如图 2-2-16 所示。

3）按 Delete 删除。

5. 数据透视图

数据透视图以图形形式表示数据透视表中的数据，而数据透视表被称为相关联的数据透视表。数据透视图也是交互式的，用户可以对其进行排序或筛选，来显示数据透视表数据的子集。在相关联的数据透视表中对字段布局和数据所做的更改，会立即反映在数据透视图中。

与标准图表一样，数据透视图显示数据系列、类别、数据标记和坐标轴。用户可以更改图表类型及其他选项，如标题、图例位置、数据标签和图表位置。

（1）基于工作表数据创建数据透视图

数据透视图可以基于工作表数据来创建，此时的创建方法和上述创建数据透视表的方法相同，即在"插入——表格——数据透视表"的下拉菜单中选择"数据透视图"。创建后会同时产生一个数据透视表和一个数据透视图，字段的设置和图表的布局都和数据透视表创建时相同，只是当用户选中透视图时，功能区会出现一个"数据透视图工具"，内有"设计"、"布局"、"格式"、"分析"四个选项卡，如图 2-2-17 所示。

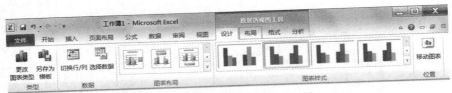

图 2-2-17 "数据透视图"工具栏

(2)基于已经存在的数据透视表创建数据透视图

1)单击数据透视表。

2)在"数据透视表工具"的"选项"选项卡上,找到"工具"组,单击"数据透视图"。

3)接着会弹出"插入图表"。在该对话框中,单击所需的图表类型和图表子类型。如图 2-2-18 所示。

4)单击"确定"。

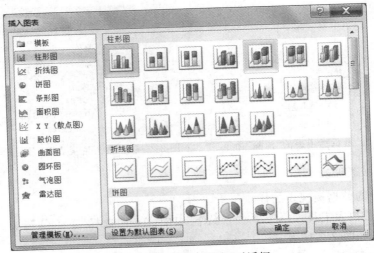

图 2-2-18 "插入图表"对话框

上述两种方法创建数据透视图,其最后结果都会有一张数据透视表和一个数据透视图,效果如图 2-2-19 所示。

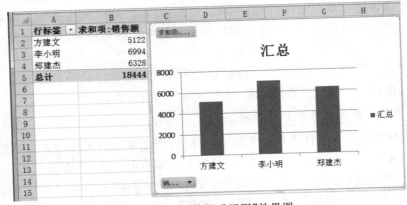

图 2-2-19 "数据透视图"效果图

（3）数据透视图的删除

1）在数据透视图上单击任意位置。

2）按 Delete。

6. 切片器

切片器是易于使用的筛选组件，它包含一组按钮，使用户能够快速地筛选数据透视表中的数据，而无需打开下拉列表以查找要筛选的项目。当使用常规的数据透视表筛选器来筛选多个项目时，筛选器仅指示筛选了多个项目，用户必须打开一个下拉列表才能找到有关筛选的详细信息。而切片器可以清晰地标记已应用的筛选器，并提供详细信息，以便能够轻松了解显示在已筛选的数据透视表中的数据。

（1）创建切片器

1）单击要创建切片器的数据透视表。

2）在"数据透视表工具"的"选项——排序和筛选"中，单击"插入切片器"，如图 2-2-20 所示。或者单击功能区的"插入——筛选器——切片器"，如图 2-2-21 所示。

图 2-2-20 "数据透视表工具"中的
"插入切片器"命令

图 2-2-21 功能区"插入"
选项卡的切片器命令

3）在"插入切片器"对话框中，选中要创建切片器的数据透视表字段前的复选框，如图 2-2-22 所示。

4）单击"确定"。此时若选择了多个字段，则 Excel 将为选中的每一个字段显示一个切片器，如图 2-2-23 所示。

5）在每个切片器中，单击要筛选的项目。若要选择多个项目，请按住 Ctrl，然后单击要筛选的项目，如 2-2-24 所示。

图 2-2-22 "插入切片器"对话框

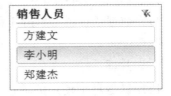

图 2-2-23　多切片器示意图　　　　图 2-2-24　"切片器"中的条件筛选

（2）设置切片器格式

选中要设置的切片器，然后功能区中会自动出现"切片器工具"，在"切片器工具"栏的"选项"中，可以对切片器进行各种格式设置。"切片器工具"如图 2-2-25 所示。

图 2-2-25　"切片器工具"栏

（3）多个数据透视表之间共享切片器

当有多个数据透视表，且透视表之间的数据相关联时，可以为这些透视表创建共享的切片器，方法是：先为一个数透视表创建切片器，然后选中该切片器，单击右键，在弹出的右键快捷菜单中选择"数据透视表连接"，如图 2-2-26 所示。

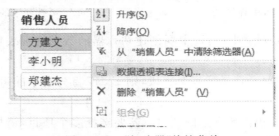

图 2-2-26　"切片器"快捷菜单

或者在"切片器工具——选项——切片器"组中，单击"数据透视表连接"，如图 2-2-27 所示。

在弹出的"数据透视表连接"对话框中（如图 2-2-28），为要连接的数据透视表前的复选框打"✓"，单击"确定"。

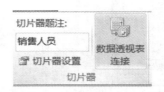

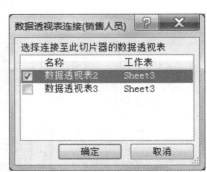

图 2-2-27　"切片器工具"中的"数据透视表连接"　　　图 2-2-28　"数据透视表连接"对话框

（4）切片器的删除

1）单击切片器，然后按 Delete。

2）右键单击切片器，然后单击"删除〈切片器名称〉"。

2.2.4　任务实施

打开"某超市休闲食品销售情况表. xlsx"，其中 Sheet1 和 Sheet2 中分别有一张表，Sheet1 中的"部分休闲食品销售情况汇总表"如图 2-2-29 所示，Sheet2 中的"部分商品价格表"如图 2-2-30 所示。

图 2-2-29　部分休闲食品销售情况汇总表

图 2-2-30　部分商品价格表

1. 用文本函数实现文本的联接运算

具体要求：

在 Sheet1 中，通过将"商品原名"和"规格"两个字段值合并，生成"商品全名"，并填入 C 列的相应位置。

操作步骤：

（1）选中 C3 单元格，在功能区的"公式"选项卡中，选中"函数库"组的"文本"命令，并在弹出的下拉菜单中选择 CONCATENATE 函数。

（2）设置 CONCATENATE 函数的两个参数分别为 A3 和 B3。

(3)然后单击“确定”, C3 中的公式为“＝CONCATENATE(A3,B3)”,将公式复制到“商品全名”列的其他位置,结果如图 2-2-31。

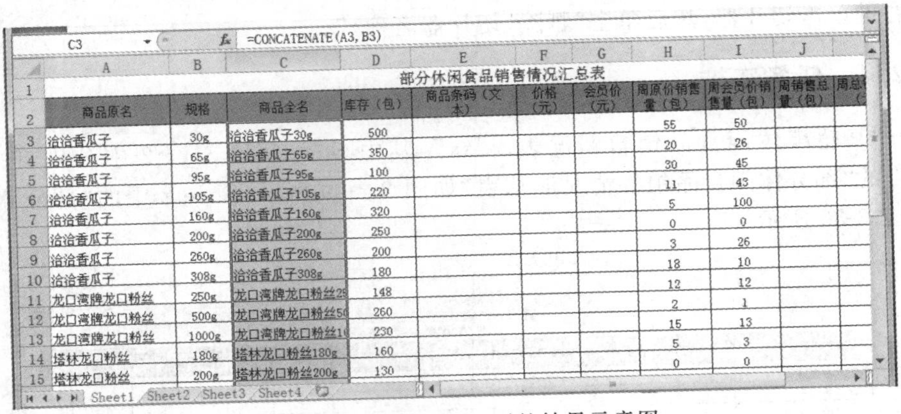
C3 =CONCATENATE(A3, B3)

部分休闲食品销售情况汇总表

商品原名	规格	商品全名	库存（包）	商品条码（文本）	价格（元）	会员价（元）	周原价销售量（包）	周会员价销售量（包）	周销售总量（包）
洽洽香瓜子	30g	洽洽香瓜子30g	500				55	50	
洽洽香瓜子	65g	洽洽香瓜子65g	350				20	26	
洽洽香瓜子	95g	洽洽香瓜子95g	100				30	45	
洽洽香瓜子	105g	洽洽香瓜子105g	220				11	43	
洽洽香瓜子	160g	洽洽香瓜子160g	320				5	100	
洽洽香瓜子	200g	洽洽香瓜子200g	250				0	0	
洽洽香瓜子	260g	洽洽香瓜子260g	200				3	26	
洽洽香瓜子	308g	洽洽香瓜子308g	180				18	10	
龙口湾牌龙口粉丝	250g	龙口湾牌龙口粉丝25	148				12	12	
龙口湾牌龙口粉丝	500g	龙口湾牌龙口粉丝50	260				2	1	
龙口湾牌龙口粉丝	1000g	龙口湾牌龙口粉丝10	230				15	13	
塔林龙口粉丝	180g	塔林龙口粉丝180g	160				5	3	
塔林龙口粉丝	200g	塔林龙口粉丝200g	130				0	0	

Sheet1 Sheet2 Sheet3 Sheet4

图 2-2-31 “商品全名”列的结果示意图

2. 用信息函数检测单元格中值的类型

具体要求:

如图 2-2-32,在 Sheet2 中,判断“商品条码”列的数据是否都是文本,并将结果填入“是否文本”列,是则为“Ture”,否为“False”。

操作步骤:

(1)在 Sheet2 中选择 D3 单元格,单击功能区的“公式——函数库——插入函数”命令。

(2)在弹出的“插入函数”对话框中,选择类别为“信息”,选择函数“ISTEXT”,然后单击“确定”。

(3)在弹出的 ISTEXT 函数参数对话框中,设置参数为 B3,然后单击“确定”。

(4)此时 D3 中的公式为“＝ISTEXT(B3)”,将该公式复制到该列的其他单元格中,最后结果如图 2-2-32 所示。

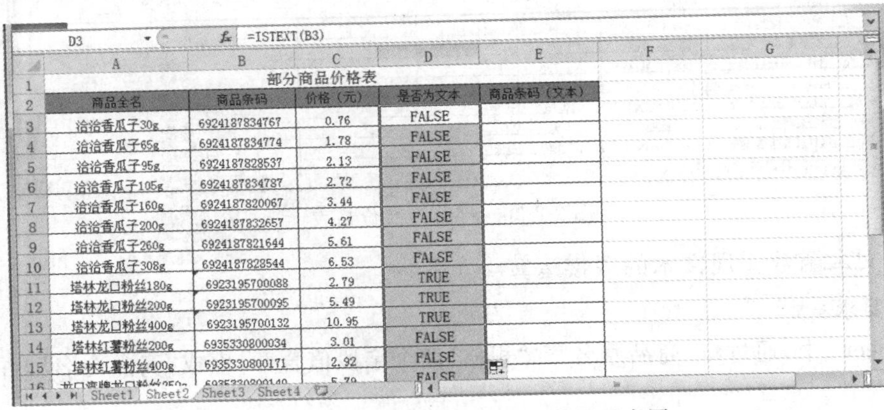
D3 =ISTEXT(B3)

部分商品价格表

商品全名	商品条码	价格（元）	是否为文本	商品条码（文本）
洽洽香瓜子30g	6924187834767	0.76	FALSE	
洽洽香瓜子65g	6924187834774	1.78	FALSE	
洽洽香瓜子95g	6924187828537	2.13	FALSE	
洽洽香瓜子105g	6924187834787	2.72	FALSE	
洽洽香瓜子160g	6924187820067	3.44	FALSE	
洽洽香瓜子200g	6924187832657	4.27	FALSE	
洽洽香瓜子260g	6924187821644	5.61	FALSE	
洽洽香瓜子308g	6924187828544	6.53	FALSE	
塔林龙口粉丝180g	6923195700088	2.79	TRUE	
塔林龙口粉丝200g	6923195700095	5.49	TRUE	
塔林龙口粉丝400g	6923195700132	10.95	TRUE	
塔林红薯粉丝200g	6935330800034	3.01	FALSE	
塔林红薯粉丝400g	6935330800171	2.92	FALSE	

Sheet1 Sheet2 Sheet3 Sheet4

图 2-2-32 “是否为文本”列的结果示意图

3. 数值转换为文本

具体要求:

在 Sheet2 中,将“商品条码”的内容转换为文本,并填入“商品条码(文本)”字段。

方法一：利用"&"运算符的特点强制转换数据类型。

操作步骤：

(1)选择 Sheet2 的 E3 单元格，输入公式"=B3&"""，然后确认输入。

(2)将该公式复制到该列其他单元格中，结果如图 2-2-33 所示。

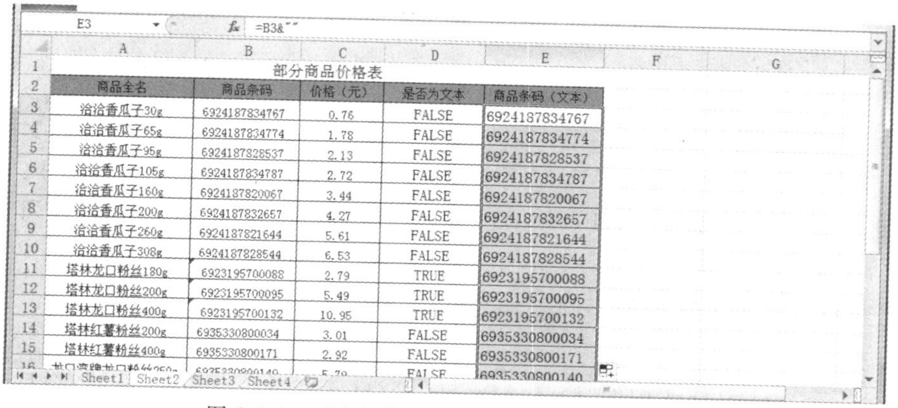

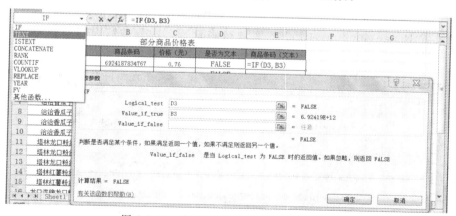

图 2-2-33 "商品条码(文本)"列的结果示意图

方法二：利用数值转换文本的函数 TEXT，只要将其中的数值内容转换为文本，文本内容则不变，因此，要先采用 IF 函数判断 D 列的内容是否为 FALSE，若是，则要用 TEXT 转换，否则，不转换。

操作步骤：

(1)选择 Sheet2 的 E3 单元格，选择功能区的"公式——函数库——逻辑"，在弹出的下拉菜单中选择 IF 函数。该函数的参数设置如图 2-2-34 所示，第三个参数要插入 TEXT 函数，具体可以定位在该参数位置上，单击编辑栏最左边的"函数"框，在下拉列表中进行选择，如图 2-2-34 所示。若"函数"框的下拉列表中没有 TEXT 函数，则选择"其他函数…"，再在打开的"插入函数"对话框中选择"文本"类别，选择 TEXT 函数。

图 2-2-34 在 IF 函数中嵌套 TEXT 函数

(2)在 TEXT 的函数参数对话框中设置 Value 为 B3，格式 Format_text 为"0"，然后单击"确定"，具体如图 2-2-35 所示。

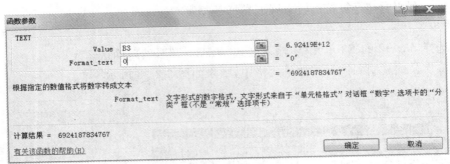

图 2-2-35　TEXT 函数参数设置对话框

（3）此时 E3 中的公式为"＝IF(D3，B3，TEXT(B3，0))"，将该公式复制到该列的其他单元格，其结果同图 2-2-33。

4. 用查找和引用函数实现不同工作表间数据的查找

具体要求：

根据 Sheet2，对 Sheet1 中的"商品条码"和"价格（元）"进行填充，并计算"会员价（元）"、"周总销售额（元）"，其中，会员价比超市原价优惠 8%，"周总销售额（元）"为两种销售的销售额之和。

操作步骤：

（1）选中 Sheet1 的 E3 单元格，选择"公式——函数库——查找和引用"，在下拉菜单中选择 VLOOKUP，并在其函数参数对话框中设置参数如下：

Lookup_value 设为 C3（根据"商品全名"字段来查找，因此，这里设置为 C3）。

Table_array 设置为"Sheet2！＄A＄2：＄E＄25"，可以直接输入，也可以作如下操作：单击 Table_array 所在的文本框以定位，然后单击 Sheet2 工作表的标签，此时窗口自动切换到 Sheet2，接着将要查找的整张表选中，即选中区域"A2：E2"。一旦选择结束，则会自动跳转到函数参数设置对话框中，然后给单元格引用添加绝对引用标志。

参数 Col_index_num 设为 5，因为"商品条码（文本）"在所查表的第 5 行。

最后设置 Range_lookup 为 False，实现精确查找。函数参数设置对话框如图 2-2-36 所示。

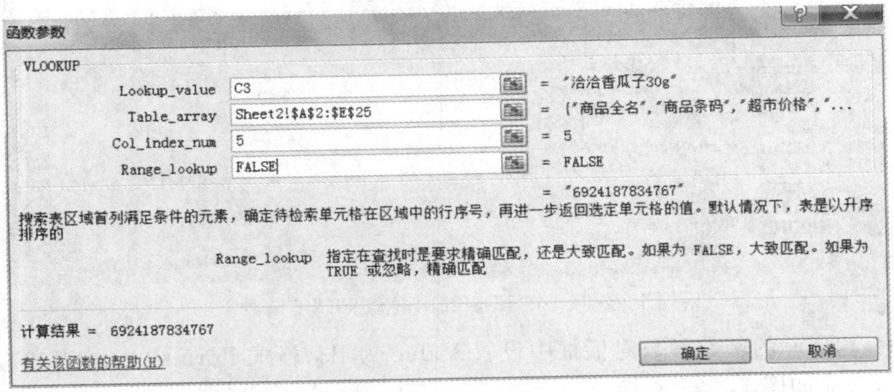

图 2-2-36　VLOOKUP 函数进行"商品条码（文本）"填充时的参数设置

（2）确定后，该 E3 单元格的公式为"＝VLOOKUP(C3，Sheet2！＄A＄2：＄E＄25，5，

FALSE)"，将该公式复制到该列的其他单元格，结果如图 2-100 的 C 列。

(3)"价格(元)"填充方法同上，区别是参数 Col_index_num 应设为 3(见图 2-2-37)，并将公式复制到该列的其他单元格，结果如图 2-2-38 的 F 列。

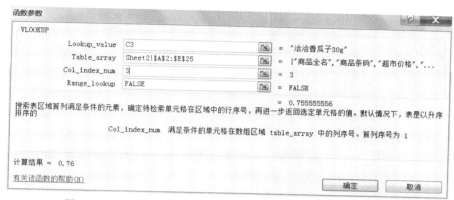

图 2-2-37　VLOOKUP 函数进行"价格(元)"填充时的参数设置

(4)计算"会员价(元)"。选中 Sheet1 的 G3 单元格，在单元格中输入公式"=F3 * (1-8%)"，确认后，将该公式复制到其他单元格，结果如图 2-2-38 的 G 列。

(5)"周总销售额(元)"为"会员价(元)"×"周会员价销售量(包)"+"价格(元)"×"周原价销售量(包)"。先选中"周总销售额(元)"的 K3 单元格，在该单元格中直接输入公式"=F3 * H3+G3 * I3"，确认后将该公式复制到该列其他单元格。计算的结果如图 2-2-38 的 K 列。

K3　=F3*H3+G3*I3

部分休闲食品销售情况汇总表

规格	商品全名	库存（包）	商品条码（文本）	价格（元）	会员价（元）	周原价销售量（包）	周会员价销售量（包）	周销售总量（包）	周总销售额（元）	售后库存（包）
30g	洽洽香瓜子30g	500	6924187834767	0.76	0.70	55	50		76.31	
65g	洽洽香瓜子65g	350	6924187834774	1.78	1.64	20	26		78.08	
95g	洽洽香瓜子95g	100	6924187828537	2.13	1.96	30	45		152.32	
105g	洽洽香瓜子105g	220	6924187834787	2.72	2.50	11	43		137.64	
160g	洽洽香瓜子160g	320	6924187820067	3.44	3.17	5	100		334.11	
200g	洽洽香瓜子200g	250	6924187832657	4.27	3.93	0	0		0.00	
260g	洽洽香瓜子260g	200	6924187821644	5.61	5.16	3	26		151.05	
308g	洽洽香瓜子308g	180	6924187828544	6.53	6.01	18	10		177.71	

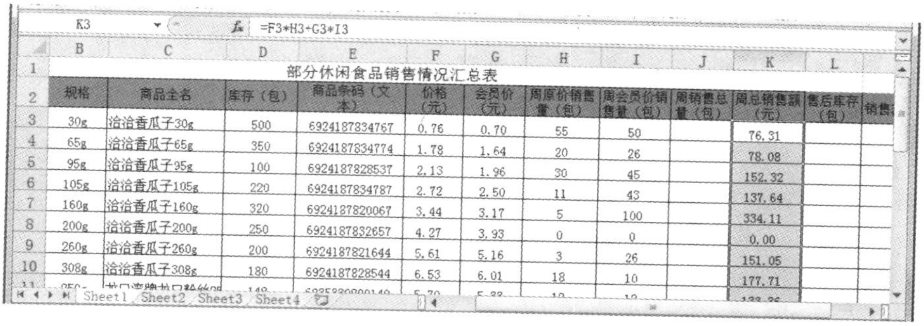

图 2-2-38　计算结果示意图

5. 利用统计函数进行数据统计

具体要求：

首先用数组公式计算"周销售总量(包)"和"售后库存量(包)"。然后利用统计函数，统计周销售量为 0 产品种数，填入 B28。在表格最右边添加一列"销售额排名"，并对"周总销售额(元)"进行排名统计。

操作步骤：

(1)选择 Sheet1 的"周销售总量(包)"的所有单元格 J3：J25，直接输入公式"=H3：H25+I3：I25"，然后按"Ctrl+Shift+Enter"，结果如图 2-2-39 的 J 列。

(2)选择 Sheet1 的"售后库存量(包)"的所有单元格 L3：L25，直接输入公式"=D3：D25-J3：J25"，然后按"Ctrl+Shift+Enter"。上述计算结果如图 2-2-39 的 L 列。

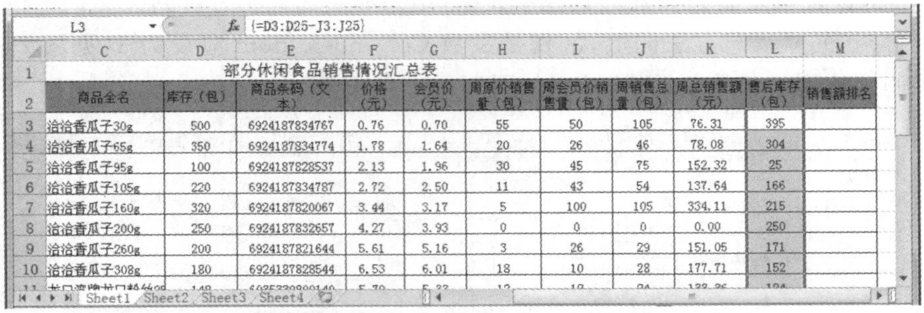

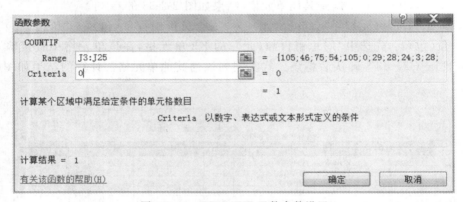

图 2-2-39 "周销售总量（包）"和"售后库存量（包）"计算结果

（3）统计周销售总量为 0 的商品种类数，可以用 CONTIF 函数。单击 Sheet1 的 B28 单元格，选择功能区的"公式——函数库——其他函数"，在下拉菜单中选择"统计"，再在其下一级菜单中选择 COUNTIF 函数。

（4）COUNTIF 的函数参数设置如图 2-2-40 所示，其中 Range 为"J3：J25"，即"周销售总量（包）"列所有数据。

（5）单击"确认"后，返回的结果是"1"，如图 2-2-41 所示。

图 2-2-40 COUNTIF 函数参数设置

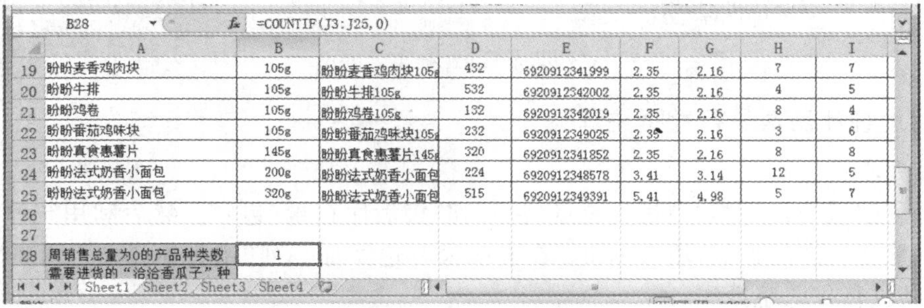

图 2-2-41 "周销售总量为 0 的产品种类数"统计结果

（6）对"周销售总额（元）"进行排名统计，用 RANK 函数。选择 Sheet 的 M3 单元格，选择功能区的"公式——函数库——插入函数"，在"插入函数"对话框中选择类别为"全部"，再在函数列表中选择 RANK。

（7）在 RANK 函数的"函数参数"对话框中设置参数，如图 2-2-42 所示。

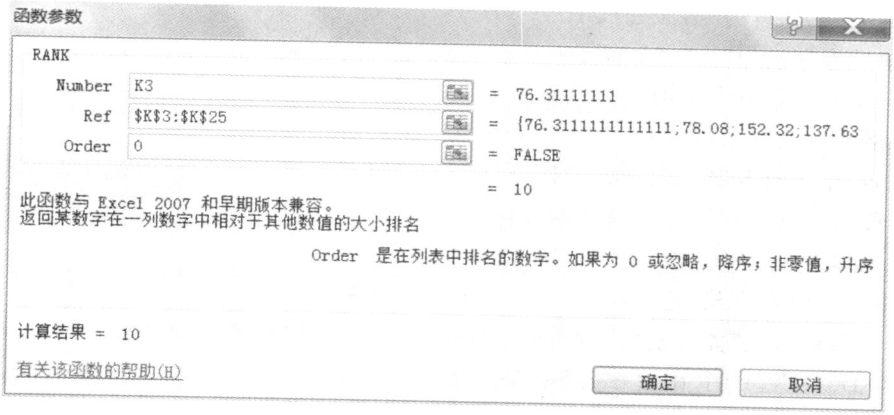

图 2-2-42 RANK 函数参数设置

其中参数 Number 设置为“周总销售额(元)”列的第一个单元格；参数 Ref 为“周总销售额(元)”列的所有单元格，由于该公式要复制到其他单元格，而 Ref 参数中的区域为不变的值，因此要将单元格设置为绝对引用；参数 Order 设为“0”，使排名按降序排列，该参数也可以忽略。确定后，单元格 M3 中的公式为“=RANK(K3,$K$3:$K$25,0)”。

(8)将 M3 中的公式复制到该列其他的单元格，结果如图 2-2-43 所示。

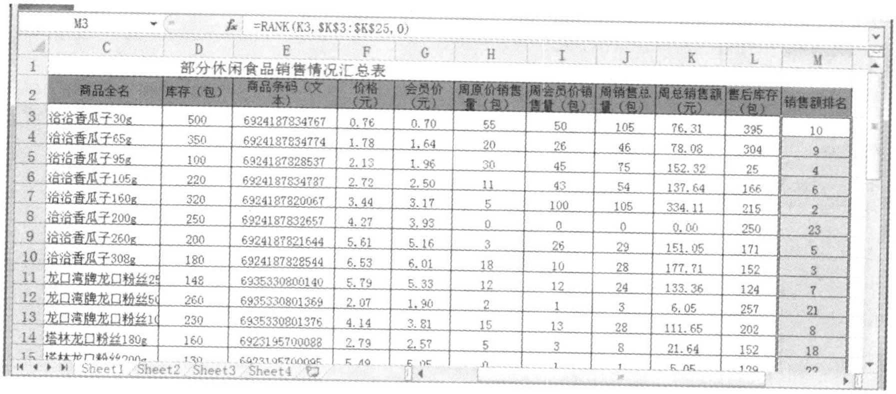

M3 =RANK(K3, $K$3:$K$25, 0)

	C	D	E	F	G	H	I	J	K	L	M
1	部分休闲食品销售情况汇总表										
2	商品全名	库存（包）	商品条码（文本）	价格（元）	会员价（元）	周原价销售量（包）	周会员价销售量（包）	周销售总量（包）	周总销售额（元）	售后库存（包）	销售额排名
3	洽洽香瓜子30g	500	6924187834767	0.76	0.70	55	50	105	76.31	395	10
4	洽洽香瓜子65g	350	6924187834774	1.78	1.64	20	26	46	78.08	304	9
5	洽洽香瓜子95g	100	6924187828537	2.13	1.96	30	45	75	152.32	25	4
6	洽洽香瓜子105g	220	6924187834787	2.72	2.50	11	43	54	137.64	166	6
7	洽洽香瓜子160g	320	6924187820067	3.44	3.17	5	100	105	334.11	215	2
8	洽洽香瓜子200g	250	6924187832657	4.27	3.93	0	0	0	0.00	250	23
9	洽洽香瓜子260g	200	6924187821644	5.61	5.16	3	26	29	151.05	171	5
10	洽洽香瓜子308g	180	6924187828544	6.53	6.01	18	10	28	177.71	152	3
11	龙口湾牌龙口粉丝25	148	6935330800140	5.79	5.33	12	12	24	133.36	124	7
12	龙口湾牌龙口粉丝50	260	6935330801369	2.07	1.90	2	1	3	6.05	257	21
13	龙口湾牌龙口粉丝10	230	6935330801376	4.14	3.81	15	13	28	111.65	202	8
14	塔林龙口粉丝180g	160	6923195700088	2.79	2.57	5	3	8	21.64	152	18
15	塔林龙口粉丝200g	130	6923195700095	5.49	5.05	0	1	1	5.05	129	22

Sheet1 Sheet2 Sheet3 Sheet4

图 2-2-43 销售额排名结果

6. 用数据库函数对销售情况进行统计

具体要求：

在 Sheet1 中进行如下统计：

✧ 若库存小于 200 就要进货，则求出需要进货的“洽洽香瓜子”种类数；

✧ 求售后粉丝类的总库存；

✧ 求售后所有粉丝中，库存量最大的商品库存；

✧ 求售后所有粉丝中，库存量最小的商品库存；

✧ 获取本周零销售的商品全名。

操作步骤：

(1)需进货的“洽洽香瓜子”种类数的统计可以用 DCOUNT 或 DCOUNTA，在用函数之前要先设置条件区域，此处的条件有两个：

1)"商品原名"设为"洽洽香瓜子"。

2)"售后库存(包)"为"<200"。

在 Sheet1 中 D30 单元格中有"条件 1",在其下的 D32 单元格开始设置条件区域:在"部分休闲食品销售情况汇总表"中同时复制"商品原名"和"售后库存(包)"这两个字段名,粘贴到 D32,在 D33 单元格输入"洽洽香瓜子",在 E33 单元格输入"<200",如图 2-2-44 所示。

图 2-2-44 "条件 1"的条件设置

(2)单击 B29 单元格,选择功能区的"公式——函数库——插入函数",在"插入函数"对话框中选择"数据库",然后选择 DCOUNT。

(3)在 DCOUNT 的"函数参数"对话框中设置参数如图 2-2-45 所示。Database 设置为整张"部分休闲食品销售情况汇总表",包括标题行;Criteria 设置为"条件 1"中的条件,包括字段名和相关条件值;Field 只需设置为"部分休闲食品销售情况汇总表"的任何一个数值型字段的字段名即可,此处设置的是"售后库存(包)"字段,其结果如图 2-2-46 所示。

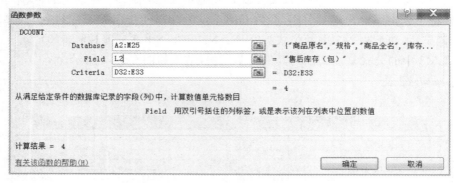

图 2-2-45 DCOUNT 函数参数设置

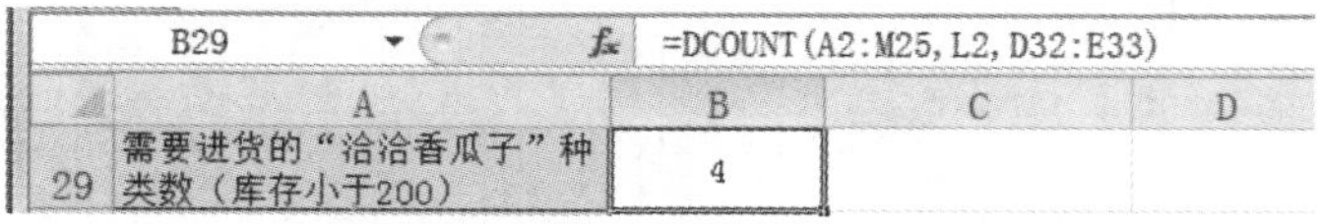

图 2-2-46 "需要进货的洽洽香瓜子种类数"统计结果

> **注意**:这里可以用 DCOUNTA 函数,其具体操作和 DCOUNT 函数相同,只是 Field 参数可以设置任何一个非空字段的字段名。

(4)统计"售后粉丝类的总库存(包)"可以用函数 DSUM,条件为"商品原名"中包含"粉丝"的商品,将条件区域设置在"条件 2"下方的 H32 单元格中:在"部分休闲食品销售情况汇总表"中复制"商品原名"字段名,粘贴到 H32,在 H33 单元格输入"*粉丝",如图 2-2-47 所示。

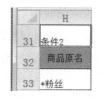

图 2-2-47 "条件 2"条件区域设置

(5)单击 B30 单元格,插入数据库函数 DSUM,在其"函数参数"对话框中输入参数如图 2-2-48 所示,单击"确定"后,结果为"1562"。

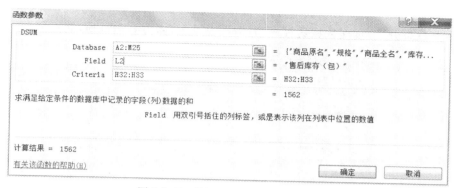

图 2-2-48 DSUM 函数的参数设置

（6）售后所有粉丝中,库存量最大和最小的商品库存(包)统计分别采用函数 DMAX、DMIN,它们的条件也是"商品原名"中包含"粉丝"的商品,因此可以采用"条件 2"的条件。按上述方法在 B31 和 B32 分别插入函数 DMAX、DMIN,设置相应参数,最后在 B31 中的公式为"=DMAX(A2：M25,L2,H32：H33)",B32 中的公式为"=DMIN(A2：M25,L2,H32：H33)"。公式的计算结果分别为:"405"、"101"。

（7）用 DGET 函数求"本周零销售的商品全名",该统计的条件为"周销售总量(包)"为"0"。在"条件 3"下的单元格 J32 中设置条件,将"周销售总量(包)"字段名复制到该单元格,然后在 J33 中输入条件"0",如图 2-2-49 所示。

图 2-2-49 "条件 3"的条件区域设置

（8）插入数据库函数 DGET,设置相应参数,最后结果公式为"=DGET(A2：M25,C2,J32：J33)",其中 C2 为"商品全名"列的字段名,该统计结果为"洽洽香瓜子 200g"。

7. 数据透视表的新建和切片器的应用

具体要求:

根据 Sheet1 中的"部分休闲食品销售情况汇总表",在 Sheet4 中新建 2 个数据透视表。

◇ 数据透视表 1:用来统计每种不同规格的商品的销售情况,包括原价销售和会员价销售的数量。要求行标签为"商品全名",数值区为"周原价销售量(包)"和"周会员价销售量(包)",透视表从 A1 单元格开始。

◇ 数据透视表 2:统计每种不同规格的商品在本周销售前后的库存数量情况。要求行标签为"商品条码(文本)",数值区为"库存(包)"和"售后库存(包)",数据透视表从 E1 单元格开始。

◇ 要求插入一个以字段"商品原名"作为筛选条件的切片器,链接上述两个透视表,并在切片器中同时选中"龙口湾牌龙口粉丝"、"洽洽香瓜子"进行多条件筛选。

操作步骤:

（1）将活动单元格定位在 Sheet1 中的"部分休闲食品销售情况汇总表"内,选择功能区的"插入——表格——数据透视表",选择"数据透视表"。

(2)在其后打开的"创建数据透视表"对话框中操作,如图 2-2-50 所示。

图 2-2-50 "创建数据透视表"对话框的设置

(3)确定后自动进入 Sheet4 的数据透视表编辑状态,在"数据透视表字段列表"窗口中选择字段"商品全名",该字段自动添加到"行标签"。

(4)分别将"周原价销售量(包)"和"周会员价销售量(包)"字段选中,Excel 会将它们自动添加到"数值"区间,而数值区域的汇总方式为"求和"。数据透视表的效果如图 2-2-51 所示。

图 2-2-51 数据透视表 1 的效果图

(5)用相同的方法创建数据透视表 2。只是数据透视表的起始位置设为 E1,行标签为"商品条码(文本)",数值区为"库存(包)"和"售后库存(包)",其汇总方式也是"求和"。具体效果如图 2-2-52 所示。

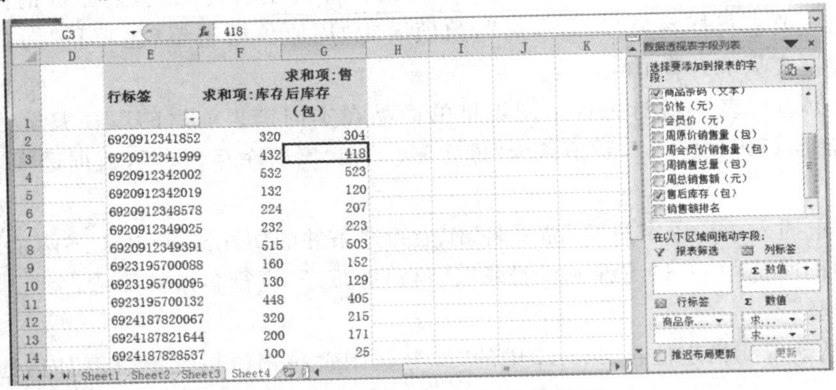

图 2-2-52 数据透视表 2 的效果图

（6）将活动单元格定位在任意一张数据透视表中，选择功能区"插入——筛选器——切片器"，在弹出的"插入切片器"对话框中选中"商品原名"。

（7）单击"确定"以插入切片器，然后在"商品原名"切片器上单击右键，在弹出菜单中选择"数据透视表连接"。

（8）接着弹出一个"数据透视表连接（商品原名）"对话框，在其中将两张透视表都勾选中。

（9）单击"确定"，然后在切片器中单击选择"龙口湾牌龙口粉丝"，按住 Ctrl 键，再单击选择"洽洽香瓜子"，实现多条件筛选，结果如图 2-2-53 所示。

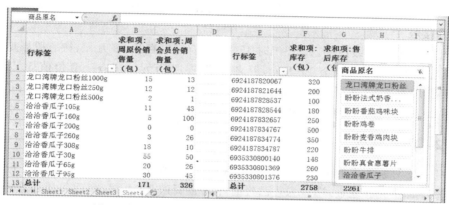

图 2-2-53　两个透视表间的多条件筛选结果示意图

2.2.5　任务总结

本任务主要是对某超市的休闲食品库存和销售情况进行统计，运用多种类型的函数对表内数据进行再处理，运用数据库函数进行统计，最后运用数据透视表对每种不同规格的商品在本周的销售情况和库存情况进行分析。从效果上看，数据库函数的功能与高级筛选功能相似，都可以支持多条件筛选，数据透视表则除了具有关键字段筛选和排序外，还可以进行数据汇总、计数等，而在数据透视表中添加一个切片器，则可以使数据的筛选操作更加直观和灵活。

任务 2.3 蔡先生个人理财管理

2.3.1 任务提出

个人理财,是在对个人收入、资产、负债等数据进行分析整理的基础上,根据个人对风险的偏好和承受能力,结合预定目标运用诸如储蓄、保险、住房投资等多种手段管理资产,合理安排资金,从而在各个人风险可以接受范围内实现资产增值的最大化的过程。国家一系列财经政策的逐步实施到位,为投资理财市场开辟了更广阔的发展空间,个人理财将越来越为民众接收。

蔡先生是某公司高级白领,2012 年时 45 岁,家有定期存款 28 万元,持有股票型基金 10 万元,股票 5 万元,住房公积金 15 万元,养老金账户 12 万元。还有一套价值 50 万元的房子,如今家里儿子渐大,房子不够用,因此打算买一套新房子。现有一套房子,价值 100 万元,可以用 80 万元购入,两年后交付新房,蔡先生要交首付 50 万元,剩余 30 万元可以贷款。

2.3.2 任务分析

本任务主要对蔡先生的个人财产进行理财管理,只涉及"住房投资"和"养老金"投资业务。蔡先生一直在交养老金,迄今为止已经有养老金资产 12 万元,今后每年还要继续按照工资以一定比例方式缴纳养老金保险,一直到退休为止,该投资的报酬率为 8%,可以根据上述数据,运用相应的财务函数对将来的养老金资产进行计算。

在"住房投资"中,蔡先生可以提取公积金 15 万元,出售股票基金 10 万元,出售股票 5 万元,存款 20 万元,凑成首付。30 万元贷款中,如果用商业贷款,则贷款利率为 5.94%,如果用公积金贷款,贷款利率为 5%,为了让每个月的月供负担不会太重(小于每月收入的 30%),可以考虑组合贷款方式,贷款年限设为 15 年,其中公积金贷款 15 万元,商业贷款也是 15 万元。两年后新房交付后,可以考虑将旧房卖掉,然后直接将房贷一次还清,从而可以节省利息。

2.3.3 相关知识与技能

1. 财务函数

Excel 中财务函数可以进行一般的财务计算,如确定贷款的支付额、投资的未来值或净现值,以及债券或息票的价值。财务函数使用时有如下注意事项:

◇ Excel 财务函数的金额部分有正负号之分,正值代表金额流入,负值代表金额流出。

◇ 财务函数的利率(RATE)不是固定使用常用的年利率,而是视每一期的时间来决定利率。多久为一期则要看具体应用,每一种应用都不一样,但是利率的单位一定和每一期的时间长短一致。如果每月为一期,那就要用月利率。每年为一期,就要用年利率,依此类推。

◇ 定期投资的期初与期末,指的是依照每期金额的投入点可以为每一期的开始,或结束。

插入财务函数可以通过"插入函数"对话框,也可以直接在"公式——函数库——财务"中选择相应的函数。Excel 中财务函数主要有 PMT、PPMT、IPMT、PV、FV、NPER、RATE等,其中 PMT、PV、FV、NPER、RATE 这几个函数是息息相关的,即只要知道其中的任何四个,就可以求出另一个。

(1)PMT、PPMT、IPMT

1)PMT 函数

PMT 就是 PAYMENT,每期投资金额,该函数用途相当广泛,诸如银行贷款、年金保险等都会用到。

函数说明:基于固定利率及等额分期付款方式,返回贷款的每期付款额。

函数语法:PMT(Rate, Nper, Pv, [Fv], [Type]),其中:

Rate,必需,贷款利率;

Nper,必需,该项贷款的付款总期数;

Pv,必需,现值,或一系列未来付款的当前值的累积和;

Fv,可选,未来值,或在最后一次付款后希望得到的现金余额,如果省略 Fv,则假设其值为 0(零),也就是一笔贷款的未来值为 0;

Type,可选,数字 0(零)或 1,用以指示各期的付款时间是在期初(1)还是期末(0 或省略)。

> **注意:**PMT 返回的支付款项包括本金和利息,但不包括税款、保留支付或某些与贷款有关的费用;同时应确认所指定的 Rate 和 Nper 单位的一致性。

例如:有一笔 10000 元的贷款,采用固定利率及等额分期付款方式,年利率为 8%,贷款时间为 10 个月,计算每个月的还贷金额(期末)。公式应为"=PMT(8%/12,10,10000)",结果为"-1,037.03",因为还贷是支出项,因此结果为负值。

2)PPMT

函数说明:基于固定利率及等额分期付款方式,返回投资在某一给定期间内的本金偿还额。

函数语法:PPMT(Rate, Per, Nper, Pv, [Fv], [Type]),其中:

Rate,必需,各期利率;

Per,必需,用于指定期间,且必须介于 1 到 Nper 之间;

Nper,必需,年金的付款总期数;

Pv,必需,现值,即一系列未来付款的当前值的累积和;

Fv,可选,未来值,或在最后一次付款后希望得到的现金余额,如果省略 Fv,则假设其值为 0(零),也就是一笔贷款的未来值为 0;

Type,可选,数字 0 或 1,用以指示各期的付款时间是在期初(1)还是期末(0 或省略)。

例如:上述案例每月月供"-1,037.03"中,第三个月的本金偿还额的计算公式为"=PPMT(8%/12,3,10,10000)",结果为"-983.35"。

3)IPMT

函数说明:基于固定利率及等额分期付款方式,返回给定期数内对投资的利息偿还额。

函数语法：IPMT(Rate，Per，Nper，Pv，[Fv]，[Type])，其参数与 PPMT 函数参数相同。

例如：上述案例每月月供"－1,037.03"中，第三个月的利息偿还额的计算公式为"＝IPMT(8％/12,3,10,10000)"，结果为"－53.69"。

(2)PV、FV

1)PV

函数说明：返回某项投资的现值。现值为一系列未来付款的当前值的累积和。例如，借入方的借入款即为贷出方贷款的现值。

函数语法：PV(Rate，Nper，Pmt，[Fv]，[Type])，其中：

Rate，必需，各期利率；

Nper，必需，年金的付款总期数；

Pmt，必需，各期所应支付的金额，其数值在整个投资期间保持不变。通常，Pmt 包括本金和利息，但不包括其他费用或税款；

Fv，可选，未来值，或在最后一次支付后希望得到的现金余额，如果省略 Fv，则假设其值为 0(例如，一笔贷款的未来值即为 0)；如果省略 Fv，则必须包含 Pmt 参数；

Type，可选，数字 0 或 1，用以指定各期的付款时间是在期初(1)还是期末(0 或省略)。

例如：有一笔保险投资，每月末投资额为 500，投资年限为 20 年，投资收益率为 8％，则该项保险投资的年金现值计算公式为"＝PV(8％/12,20 * 12,－500)"，结果为"59777.15"。

2)FV

函数说明：基于固定利率及等额分期付款方式，返回某项投资的未来值。

函数语法：FV(Rate，Nper，Pmt，[Pv]，[Type])，其中：

Pv，可选，现值，或一系列未来付款的当前值的累积和。如果省略 Pv，则假设其值为 0(零)，并且必须包括 Pmt 参数；

其余参数都与 PV 函数相同。

例如：Michael 现年 35 岁，现有资产 200 万元，预计每年可结余 30 万元，若将现有资产 200 万及每年结余 30 万均投入 5％报酬率的商品，则 60 岁退休时可拿回资产未来值为"＝FV(5％，25，－300000，－2000000)"，结果为"21090840"，由于现有资产 200 万和每年的 30 万都是 Michael 的投资款项，因此都是负值。

2.数学和三角函数

Excel 中可以通过数学和三角函数来处理简单的计算。插入数学函数的方法，既可以通过"插入函数"对话框，也可以在"公式——函数库——数学和三角函数"中直接选择相应的函数。数学和三角函数分为数学类和三角函数类。

(1)三角函数

该类函数主要是用来计算各种三角函数值，如计算角度的正弦值函数 ASIN，计算角度的正切值函数 TAN 等，这些函数的语法都相同，具体如下：

函数名(Number)，Number 是用来计算的角度，以弧度来表示。

如：公式"＝COS(1.047)"是计算弧度 1.047 的余弦值，结果为"0.500171"。

（2）数学函数

1）ABS

函数说明：返回数字的绝对值。绝对值没有符号。

函数语法：ABS(Number)，Number，必需，需要计算其绝对值的实数。

例如：公式"＝ABS(－4.5)"的结果为"4.5"。

2）MOD

函数说明：返回两数相除的余数。结果的正负号与除数相同。

函数语法：MOD(Number，Divisor)，其中：

Number，必需，被除数；

Divisor，必需，除数，该参数不能为 0，如果 Divisor 为零，函数 MOD 返回错误值"＃DIV/0!"。

例如：判断当前日期的年份是否为闰年，是则返回 TRUE，否则返回 FALSE。

当前日期的年份可以用 YEAR(NOW())表示，闰年的判断方法是，年份能被 400 整除的是闰年，能被 4 整除又不能被 100 整除的也是闰年，这两种判断方法之间是或者关系，其中能被 400 整除可以用 MOD(YEAR(NOW())，400)＝0 表示，被 4 整除可以表示为 MOD(YEAR(NOW())，4)＝0，不能被 100 整除表示为 MOD(YEAR(NOW())，100)＜＞0，这两个判断条件之间则是逻辑与关系，可以用 AND 函数判断这两个条件是否同时满足。所以，最终公式应该为："＝OR(AND(MOD(YEAR(NOW())，4)＝0，MOD(YEAR(NOW())，100)＜＞0)，MOD(YEAR(NOW())，400)＝0)"。

3）INT

函数说明：将数字向下舍入到最接近的整数。

函数语法：INT(Number)，Number，必需，需要进行向下舍入取整的实数。

例如：公式"＝INT(－4.5)"的结果为"－5"，公式"＝INT(4.5)"的结果为"4"。

4）ROUND

函数说明：可将某个数字四舍五入为指定的位数。

函数语法：ROUND(Number，Num_digits)，其中：

Number，必需，要四舍五入的数字。

Num_digits，必需。位数，按此位数对 Number 参数进行四舍五入。如果 Num_digits 大于 0(零)，则将数字四舍五入到指定的小数位；如果 Num_digits 等于 0，则将数字四舍五入到最接近的整数；如果 Num_digits 小于 0，则在小数点左侧进行四舍五入。

> **注意**：若要始终进行向上舍入(远离 0)，可以用 ROUNDUP 函数，若要始终进行向下舍入(朝向 0)，可以使用 ROUNDDOWN 函数；若要将某个数字四舍五入为指定的倍数(例如，四舍五入为最接近的 0.5 倍)，可以使用 MROUND 函数。

例如：公式"＝ROUND(21.58，1)"，将 21.58 四舍五入到 1 位小数，结果为"21.6"。公式"＝ROUND(21.5，－1)"将 21.5 四舍五入到小数点左侧一位，结果为"20"。

可以使用 ROUND 函数对时间进行四舍五入，若要使用 ROUND 函数来四舍五入到最接近的"x"的时间，请使用下列语法："＝ROUND(＜时间值＞ * 24/x，0) * x/24"

> **注意:**必须将时间值乘以 24,将时间值转换成等义的十进制。ROUND 函数的 Number 参数类型为数值,所以当将一个时间值放入该参数位置后,会自动转换为一个 0~1 的十进制数。

如:要对时间"13:43:30"四舍五入到最接近的 15 分钟的倍数,公式为"=ROUND(("13:43:30") * 24/0.25,0) * 0.25/24",15 分钟是 0.25 个小时,所以公式中用 0.25 来代替。结果为"13:45:00"。

3.外部数据的导入和导出

Excel 连接到外部数据的主要好处是可以在 Excel 中定期分析此数据,而不用重复复制数据,复制操作不仅耗时而且容易出错。连接到外部数据之后,还可以自动刷新(或更新)来自原始数据源的 Excel 工作簿,而不论该数据源是否用新信息进行了更新。

(1)外部数据导入

导入外部数据,可以选择"数据——获取外部数据",然后根据外部数据类型不同,从该组中选择导入类型。常见的导入的类型有"自 Access"、"自文本"、"自网站"等,如图 2-3-1 所示。

图 2-3-1 "数据"选项卡的"获取外部数据"组

1)自 Access

当数据源为 Access 数据库文件时,可以用该命令来导入数据。

首先,单击"数据——获取外部数据——自 Access",会出现"选取数据源"对话框,如图 2-3-2 所示。

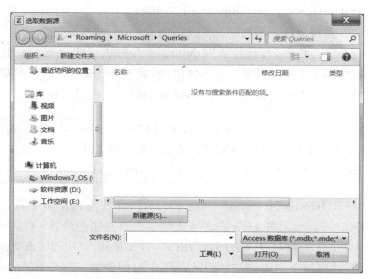

图 2-3-2 "选取数据源"对话框

其次,在"选取数据源"对话框中选定文件,单击"打开"后,接着出现"导入数据"对话框,如图 2-3-3 所示,在该对话框中设定数据在工作簿中的显示方式,并设置数据放置位置,确定后数据就能按要求自动导入。

图 2-3-3 "导入数据"对话框   图 2-3-4 导入数据后"表格工具"的"全部刷新"命令

此后,若被导入的外部 Access 数据库更新后,要使本工作簿中的内容与源数据库的最新数据保持一致,再单击"数据——连接——全部刷新"命令。将单元格定位在导入后的数据表格区域内,此时会自动生成一个"表格工具",其中有"设计"选项卡,在该选项卡的"外部表数据"组中,也可以点"刷新",具体如图 2-3-4 所示。

要取消数据表和数据源之间的连接,可以单击"表格工具"的"设计"选项卡的"外部表数据"组中"取消链接";或者直接在数据表中单击鼠标右键,在其快捷菜单中选择"表格——取消数据链接",如图 2-3-5 所示。

图 2-3-5 右键快捷菜单中的"取消数据源连接"

2)自文本

用该方法可以从外部导入文本文件,导入时有导入向导,提示用户进行操作。具体操作如下:

步骤一:

主要设置:

◇ 原始数据类型,如果文本文件中的各项以制表符、冒号、分号、空格或其他字符分隔,请选择"分隔符号"。如果每个列中所有项的长度都相同,请选择"固定宽度"。

◇ 导入起始行,键入或选择行号以指定要导入数据的第一行。

具体如图 2-3-6 所示。

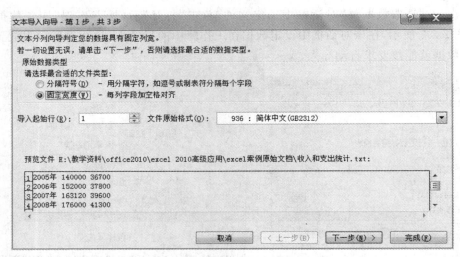

图 2-3-6 "导入文本"向导步骤一

步骤二：

❖ 设置字段宽度。单击预览窗口以设置由竖线表示的分栏符。双击分栏符可将其删除，也可通过拖动来移动它，如图 2-3-7 所示。

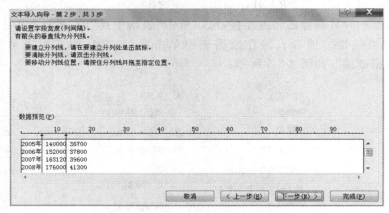

图 2-3-7 "导入文本"向导步骤二

步骤三：

❖ 列数据格式设置。单击"数据预览"部分中所选列的数据格式。如果不希望导入所选列，请单击"不导入此列（跳过）"。选择选定列的数据格式后，"数据预览"下的列标题将显示该格式，如图 2-3-8 所示。

❖ 单击"完成"。

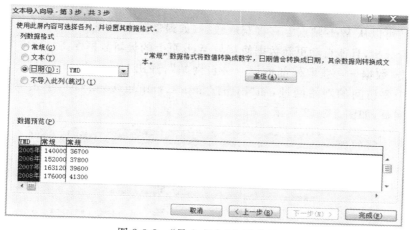

图 2-3-8 "导入文本"向导步骤三

向导结束后,会弹出"导入数据"对话框,用以设置数据放置位置,如图 2-3-9 所示。单击"确定"后,数据导入完毕。

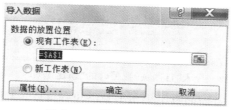

图 2-3-9 "导入数据"设置

文本文件导入后,Excel 2010 的工作表数据与文本文件的联系可以通过设置"外部数据区域属性"更改。单击数据表的任意一个单元格,在"数据——连接"中单击"属性",如图 2-3-10所示,在出现的"外部数据区域属性"对话框中将"查询定义"的"保存查询定义"前复选框的"✓"去掉(见图 2-3-11),单击"确定",该数据表和原文本文件之间的连接已经取消。

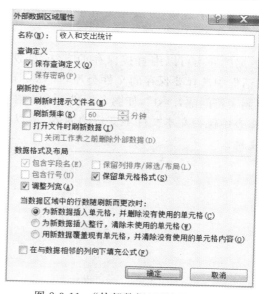

图 2-3-10 "数据"选项卡的属性命令 　　　　图 2-3-11 "外部数据区域属性"设置

3）自网站

"自网站"可以从 Web 站点上直接获取数据（如最新的股票报价信息），将其导入到 Excel 工作表中进行分析，且能自动更新数据使其与 Web 页上的最新数据保持一致。其步骤如下：

◇　单击"数据——获取外部数据——自网站"，弹出"新建 Web 查询"对话框，在对话框"地址"栏中要访问的网站网址，如"http://stock. caijing. com. cn"，单击"转到"按钮，即可跳转到该网页，如图 2-3-12 所示。

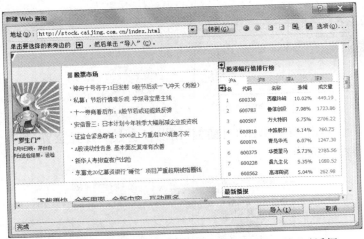

图 2-3-12　导入"自网页"数据时的"新建 Web 查询"对话框

◇　在打开的网页上，页面的每个表边上都会出现 ➡，单击要导入部分内容边上的 ➡，该按钮会变成 ✅，单击"导入"。

◇　出现"导入数据"对话框，在对话框中选择数据导入的位置，按"确定"就可以完成网页数据的导入。

◇　此后，要更新数据与 Web 页上的最新数据保持一致，单击"数据"菜单上的"全部刷新"命令。

◇　要取消链接，方法与文本导入时的方法相同。

（2）数据导出

数据的导出可以用直接保存的方法，即使用"文件——另存为"命令，在打开的"另存为"对话框中选择要保存的文件类型，比如要导出到文本文件，则将保存类型选择为"文本文件（制表符间隔）.txt"，如图 2-3-13 所示。在保存时，它会出现一个提示对话框，以提醒用户工作表中保护文本文件不支持的内容，可以忽略提示，单击"确定"就可以将内容导出到文本文件。

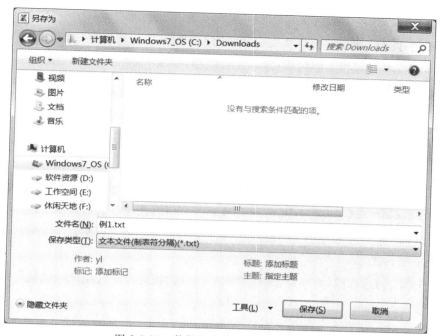

图 2-3-13　数据导出成文本文件示意图

4.迷你图

迷你图是 Microsoft Excel 2010 中的一个新功能,它是工作表单元格中的一个微型图表,可提供数据的直观表示。使用迷你图可以显示一系列数值的趋势(例如,季节性增加或减少、经济周期),或者可以突出显示最大值和最小值。在数据边上放置迷你图可达到最佳效果。

与 Excel 2010 工作表上的图表不同,迷你图不是对象,它实际上是单元格背景中的一个微型图表。

(1)创建迷你图

1)选择要在其中插入一个或多个迷你图中的一个空白单元格或一组空白单元格。

2)在"插入"选项卡上的"迷你图"组中,单击要创建的迷你图的类型:"折线图"、"柱形图"或"盈亏图",如图 2-3-14 所示。

3)在出现的"创建迷你图"对话框中,设置"选择所需的数据"的"数据范围",如图 2-3-15所示。

4)单击"确定",创建完毕。

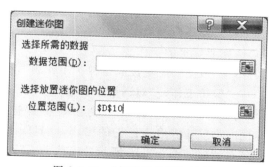

图 2-3-14　"插入"选项卡上的"迷你图"组

图 2-3-15　"创建迷你图"对话框

（2）迷你图设计

迷你图创建完后，Excel 会自动生成一个"迷你图工具"，其中有一个"设计"选项卡，包含了迷你图的所有设计相关的操作，如图 2-3-16 所示。

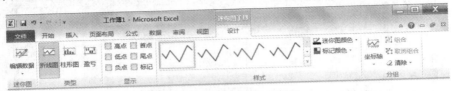

图 2-3-16　"迷你图工具"栏

在"设计"选项卡上，可以从下面的组中选择命令对迷你图进行设置，这些组包括："迷你图"、"类型"、"显示"、"样式"和"分组"。使用这些命令可以创建新的迷你图、更改其类型、设置其格式、显示或隐藏折线迷你图上的数据点，或者设置迷你图组中的垂直轴的格式。

（3）删除迷你图

选中要删除的迷你图，直接单击"迷你图工具"的"设计——分组——清除"，即可删除。

5. 工作表的保护

若要防止用户从工作表或工作簿中意外或故意更改、移动或删除重要数据，可以保护某些工作表或工作簿元素，保护时可以使用也可以不使用密码，若设置了密码，则取消工作表的保护时必须输入正确密码。

默认情况下，保护工作表时，该工作表中的所有单元格都会被锁定，用户不能对锁定的单元格进行任何更改。例如，用户不能在锁定的单元格中插入、修改、删除数据或者设置数据格式。但是，可以在保护工作表时指定用户可以更改的元素。

隐藏、锁定和保护工作簿和工作表元素并不是要帮助您保护工作簿中保存的任何机密信息。它只能帮助您隐藏其他用户可能会混淆的数据或公式，以及防止他们查看或更改这些数据。

保护工作表和保护工作簿操作都在功能区的"审阅"选项卡的"更改"组中，如图 2-3-17 所示。

图 2-3-17　"审阅"选项卡中的"保护工作表"命令

（1）保护工作表

1）选择要保护的工作表。

2）单击"审阅——更改——保护工作表"，会弹出"保护工作表"对话框。

3）在"保护工作表"对话框中设置"允许此工作表的所有用户进行"的操作，只要在允许的操作前面的复选框中打"√"，然后确保"保护工作表及锁定的单元格内容"前的复选框被选中，同时可以输入取消保护的密码，一旦输入密码，则还会出现一个密码确认框。"保护工作表"对话框如图 2-3-18 所示，"确认密码"对话框如图 2-3-19 所示。

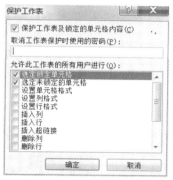

图 2-3-18　“保护工作表”对话框

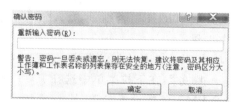

图 2-3-19　“确认密码”对话框

(2)取消工作表保护

1)在“审阅”选项卡上的“更改”组中，单击“撤消工作表保护”。在工作表受保护时，原“保护工作表”选项会变为“撤消工作表保护”。

2)在系统提示时键入密码来取消对工作表的保护。

(3)单元格锁定

任何一个单元格，默认状态下都是被锁定的(见图 2-3-20)，但是其锁定效果必须是在其所在的工作表被保护后才有效。在“设置单元格格式”对话框中的“保护”选项卡中，选中“隐藏”，并将工作表设为保护后，则可以“隐藏”单元格中的公式，使用户只能看到公式的结果，却看不到公式本身。

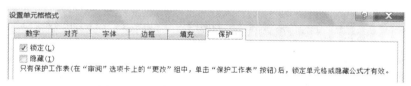

图 2-3-20　单元格的“锁定”和“隐藏”设置

2.3.4　任务实施

将任务中蔡先生的相关信息构建成表，保存在工作簿文件“蔡先生的个人理财表.xlsx”中的 Sheet1，该表如图 2-3-21 所示。

	A	B	C	D	E	F
1	蔡先生资产情况					
2	蔡先生银行定期存款	¥200,000.00				
3	股票型基金	¥100,000.00				
4	股票	¥50,000.00			养老金投资	
5	住房公积金	¥150,000.00			蔡先生年龄	45
6	养老账户	¥120,000.00			预计退休年龄	55
7	2012年净收入	¥210,560.00			离退休年数	10
8	购房				养老金投资报酬率(年利率	8%
9	新房价格	¥1,000,000.00			已准备养老金	¥200,000.00
10	贷款比例	30%			养老金年储蓄	¥7,680.00
11	首付款（房价50%）	¥500,000.00			退休时养老金资产	
12	几年后交房	2				
13	购房贷款				旧房出售	
14		公积金贷款	商业按揭贷款		房价成长率	8.00%
15	房贷年利率	5%	5.94%		旧房现价	¥500,000.00
16	贷款年限	15	15		旧房折旧系数	2%
17	贷款金额	150000	150000		旧房折旧值	
18	贷款月供				2年后旧房售价	
19	月供是否合理（月供小于月净收入的30%）				2年后贷款总余额	

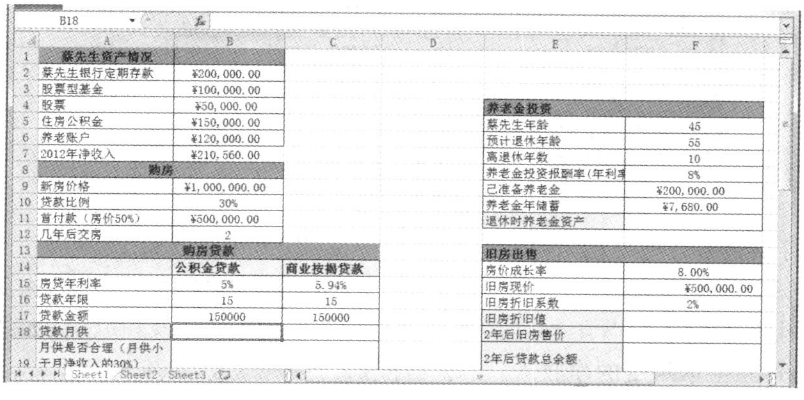

图 2-3-21　蔡先生个人理财信息表

1.计算房贷月供

具体要求：

蔡先生的 30 万房贷中，15 万商业贷款，利率为 5.94％，15 万公积金贷款，利率为 5％，贷 15 年，分别求两种贷款的月供，同时判断该月供是否合理（小于月收入的 30％），若是则在相应位置填"TRUE"，否则，填"FALSE"。

操作步骤：

(1)单击 Sheet1 的 B18 单元格，计算公积金贷款的房贷月供。选择功能区的"公式——函数库——财务"，在下拉菜单中选择 PMT 函数。

(2)给 PMT 函数设置参数，其中，Rate 为年利率 5％除以 12，总期次 Nper 为 15 年再乘以 12，转换成总月数，贷款金额即以到款款项 PV，共 150000，而 FV 和 Type 都可以忽略，如图 2-3-22 所示。

(3)单击"确定"后，B18 中的公式为"＝PMT(B15/12，B16 * 12，B17)"，计算结果如图 2-3-23 的 B18 所示。由于月供属于支出，因此以负值显示。

(4)商业贷款月供的计算方式与公积金贷款月供相同，因此，只需将 B18 的公式复制到 C18 即可。计算结果如图 2-3-23 的 C18 所示。

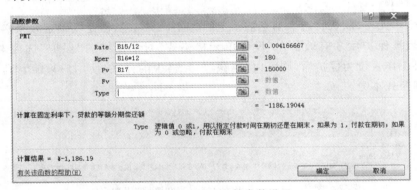

图 2-3-22　PMT 函数参数设置

	C18		f_x =PMT(C15/12,C16*12,C17)	
	A	B	C
13		**购房贷款**	
14		**公积金贷款**	**商业按揭贷款**
15	房贷年利率	5%	5.94%
16	贷款年限	15	15
17	贷款金额	150000	150000
18	贷款月供	¥-1,186.19	¥-1,260.93
19	月供是否合理（月供小于月净收入的30%）		
20	2年后贷款余额		

图 2-3-23　购房贷款的月供值计算结果

(5)判断月供是否合理要用 IF 函数，该函数的参数 Logical_test 设置成一个关系表达式"ABS(B18＋C18)＜30％ * B7/12"，其中"B18＋C18"是两种贷款月供和，由于这两个值是负数表示，因此这里用 ABS 函数对其和取绝对值（或者直接对该和取负，如："－(B18＋C18)"），B7 为蔡先生本年度的净收入，则每月净收入的 30％为"30％ * B7/12"，另两个参数分别为"TRUE"和"FALSE",如图 2-3-24 所示。确定后,返回结果为"TRUE"。

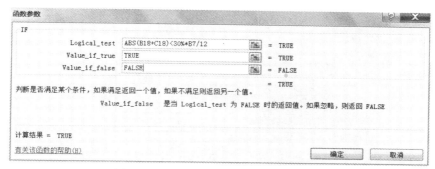

图 2-3-24　用 IF 函数判断月供是否合理

2.两年后贷款余额的计算

具体要求:

计算两年后房子交付时,剩余的贷款余额。公积金贷款余额填入 B20,商业贷款余额填入 C20,两年后贷款总余额填入 F19。

操作步骤:

(1)选中单元格 B20,计算两年后贷款余额,用 PV 函数,该函数用于返回某项投资的一系列将来投资的现在总值,正好可以用来计算两年后剩下的 13 年投资总值。在功能区的"公式——函数库——财务"中,选择 PV 函数,设置参数如图 2-3-25 所示。

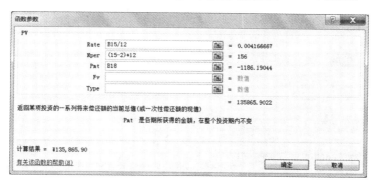

图 2-3-25　PV 函数的参数设置

其中参数 Pmt 为每月月供,用 B18 表示,Rate 为 5%除以 12,总期次 Nper 为 13 年再乘以每年 12 月,确定后,B20 中公式为"＝PV(B15/12,(15－2)＊12,B18)"。

(2)将 B20 单元格公式复制到 C20,得到两年后商业贷款的余额,如图 2-3-26 所示。

图 2-3-26　购房贷款的两年后贷款余额

（3）选中单元格 F19，直接输入公式"＝B20＋C20"，得到两年后贷款总余额，如图 2-3-27 所示。

	E	F
13	旧房出售	
14	房价成长率	8.00%
15	旧房现价	¥500,000.00
16	旧房折旧系数	2%
17	旧房折旧值	
18	2年后旧房售价	
19	2年后贷款总余额	¥272,688.96
20	旧房卖出还完贷款收益	

图 2-3-27　两年后贷款总余额计算结果

3. 两年后旧房的售价计算

具体要求：

两年后新房交付，旧房可以卖出。旧房现价 50 万，而旧房房价增长率为 8％，折旧率为 2％，年折旧价为 50 万的 2％，即 1 万。要求计算两年后的旧房售价。

操作步骤：

（1）房价以 8％的增长率增长，两年后旧房的价格可以用 FV 函数来计算，旧房现价 50 万，两年后要减去这两年的折旧值，两年的折旧值可以用如下公式计算：房价×折旧率×年限。因此，先计算"旧房折旧值"，选中单元格 F17，直接输入公式"＝F15＊F16＊2"，结果为 20000。

（2）再选择单元格 F18，插入财务函数 FV，在"函数参数"对话框中设置参数如图 2-3-28 所示。

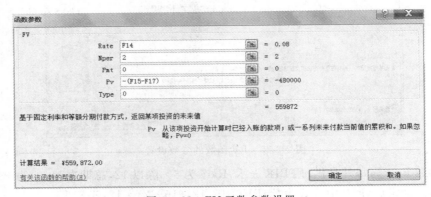

图 2-3-28　FV 函数参数设置

该函数的 Pmt 和 Type 均输入 0 或者忽略，参数 Pv 就是旧房现值折旧两年后的值，可以看做是该项投资的支出，因此，此处的数据应为负值，即"－（F15－F17）"。

（3）单击"确定"，结果如图 2-3-29 的 F18。

	F18	▼	ⓒ	fx	=FV(F14, 2, 0, -(F15-F17), 0)

	E	F	G
13	旧房出售		
14	房价成长率	8.00%	
15	旧房现价	¥500,000.00	
16	旧房折旧系数	2%	
17	旧房折旧值	¥20,000.00	
18	2年后旧房售价	¥559,872.00	
19	2年后贷款总余额	¥272,688.96	
20	旧房卖出还完贷款收益		

图 2-3-29　两年后旧房售价结果

4. 房产投资收益计算及 ROUND 函数应用

具体要求：

计算出将卖房款还完贷款余额后的房产投资收益,放入 F20,然后在 G20 单元格中用 ROUND 函数将该收益数据保留到百位。

操作步骤：

(1)选中 F20 单元格,输入公式"＝F18－F19",按回车确定。

(2)选中单元格 G20,插入"数学和三角函数"类中的 ROUND 函数,参数设置如图 2-3-30 所示。

(3)确定后返回,结果如图 2-3-31 的 G20 单元格所示。

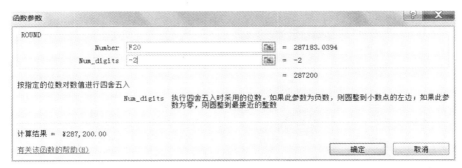

图 2-3-30　ROUND 函数参数设置

	G20	▼	ⓒ	fx	=ROUND(F20, -2)

	E	F	G
13	旧房出售		
14	房价成长率	8.00%	
15	旧房现价	¥500,000.00	
16	旧房折旧系数	2%	
17	旧房折旧值	¥20,000.00	
18	2年后旧房售价	¥559,872.00	
19	2年后贷款总余额	¥272,688.96	
20	旧房卖出还完贷款收益	¥287,183.04	¥287,200.00

图 2-3-31　ROUND 函数计算结果

5. 退休时养老金资产计算

具体要求:

蔡先生现年 45 岁,拟在 55 岁退休,已有养老金 120000 元,今后每年继续交 7680 元,养老金投资报酬率为 8%,计算退休时养老金资产并填入 F11。

操作步骤:

(1)选中 F11 单元格,插入"财务"函数 FV,函数的参数设置如图 2-3-32 所示,其中,参数 Pmt 为今后每年养老金的投资额,即"养老金年储蓄",该投资对蔡先生来说是支出,所以用负值;参数 Pv 是已经投资的金额,即"已准备养老金",对该项投资来说也属于资金流出,用负值。

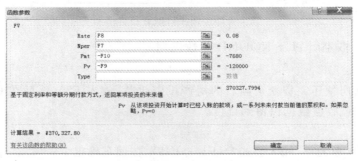

图 2-3-32　FV 函数参数设置

(2)单击"确定",所得结果如图 2-3-33 的 F11 单元格所示。

	E	F
4	**养老金投资**	
5	蔡先生年龄	45
6	预计退休年龄	55
7	离退休年数	10
8	养老金投资报酬率(年利率)	8%
9	已准备养老金	¥120,000.00
10	养老金年储蓄	¥7,680.00
11	退休时养老金资产	¥370,327.80

F11 =FV(F8, F7, -F10, -F9)

图 2-3-33　养老金资产计算结果示意图

6. 外部数据的导入

具体要求:

现有一个"收入和支出统计.txt"文件,文件内容如图 2-3-34 所示。

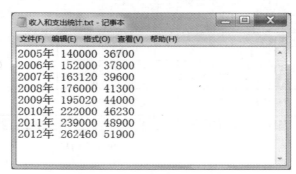

图 2-3-34　"收入和支出统计.txt"文件内容示意图

文件中数据之间用空格间隔。要求将该文件数据导入到 Sheet1 表,并作为"蔡先生近8 年收入和支出统计"表的数据,因此,要以 A23 为起始点。

操作步骤:

(1)选中单元格 A23,选中功能区的"数据——获取外部数据——自文本",在打开的"导入文本文件"对话框中选中"收入和支出统计. txt"。

(2)单击"导入"之后,进入"文本导入向导",第一步设置"原始数据类型"为"固定宽度"和"导入起始行"为"1",此处都为默认值,单击"下一步"。

(3)单击"下一步",设置"字段宽度",拖动"数据预览"框中的箭头,来调整列宽。

(4)单击"下一步",设置"列数据格式",在"数据预览"中,选中第一列,在"列数据格式"中选中"日期",分别选中第二列和第三列,将"列数据格式"都设为"常规"。

(5)单击"完成",在"导入数据"对话框中设置数据放置位置为"现有工作表"的 A23,即单击单元格 A23,效果如图 2-3-35 所示。

(6)确定后,数据导入完毕,导入的结果如图 2-3-36 所示。

图 2-3-35　"导入数据"对话框的数据放置位置设置　　　图 2-3-36　文本文件导入结果示意图

7. 迷你图的应用

具体要求:

在已导入数据的"蔡先生近8 年收入和支出统计"表中,对蔡先生的年收入和年支出进行分析,在 B31 和 C31 单元格插入一个迷你折线图,并为迷你图添加"标记"、添加绿色的"高点"和红色的"低点"。

操作步骤:

(1)选中 B31,选中功能区"插入——迷你图——折线图",在弹出的"创建迷你图"对话框中设置所需数据的"数据范围"为"B23:B30",如图 2-3-37 所示。

图 2-3-37　"编辑迷你图"对话框设置

（2）选中 B31，在生成的上下文工具选项卡"迷你图工具"的"设计"选项卡中，找到"显示"命令组，给"高点"、"低点"、"标记"打"✓"。

（3）在"设计"选项卡的"样式"组的右侧设置"标记颜色"，"高点"设红色，"低点"设绿色，如图 2-3-38 所示。

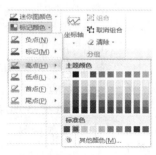

图 2-3-38　迷你图的"标记颜色"命令菜单

（4）最后，将 B31 单元格复制到 C31，两个迷你图创建完毕，结果如图 2-3-39 所示。

	A	B	C
21	蔡先生近8年收入和支出统计		
22	年份	年收入	年支出
23	2005年	140000	36700
24	2006年	152000	37800
25	2007年	163120	39600
26	2008年	176000	41300
27	2009年	195020	44000
28	2010年	222000	46230
29	2011年	239000	48900
30	2012年	262460	51900
31			

图 2-3-39　创建完成的迷你图结果

8.工作表的保护和单元格内容的锁定

具体要求：

保护工作表 Sheet1 并锁定单元格的内容，用户只能选定单元格，但不能进行任何操作，若要取消保护，需输入密码"201203"。

操作步骤：

（1）在 Sheet1 中，选择功能区"审阅——更改——保护工作表"，在打开的"保护工作表"对话框中，设置"取消工作表保护时使用的密码"为"201203"，确保所有用户只能进行"选定锁定单元格"和"选定未锁定的单元格"，即该两项打"✓"，其余选项都为空。

（2）确定后，在"确认密码"对话框中再次输入"201203"，然后确定。

2.3.5　任务总结

本任务主要是对蔡先生的个人资产进行理财，主要进行养老金和住房两项投资。在分析过程中主要运用了几个财务函数来计算房贷的月供、旧房两年后的房价，以及退休时养老金资产值。还通过导入外部文本文件的方式，输入了蔡先生近 8 年来的收入和支出数据，并利用迷你图对该数据进行图示分析。最后为了保护工作表里的数据，设置了工作表的保护和单元格的锁定。

第三单元

PowerPoint 2010 高级应用

PowerPoint 2010 是一款功能非常实用的演示文稿制作软件,是美国微软公司开发的大型办公套件 Microsoft Office 2010 中的一个重要的组件。它提供了强大的幻灯片制作功能,能够让用户轻松地制作出各种类型的演示文稿,并通过电脑或投影仪进行放映。和之前的版本相比,PowerPoint 2010 在用户界面和命令功能上都有了非常大的飞跃。

在本单元学习之前,要求读者已经具备一定的演示文稿制作能力,了解 PowerPoint 2010 的界面和基本操作,因此本单元主要以进阶者的角度出发,对于演示文稿的格式设置、动画及切换、保存输出等提出了更高一级的应用,以帮助读者快速达到"从入门到精通"的目的。

本单元包含的学习任务和单元学习目标具体如下:

【学习任务】

● 任务 3.1 《行路难》课件制作
● 任务 3.2 "风吹麦浪"MTV 制作

【学习目标】

● 掌握演示文稿中多主题的应用,主题颜色的修改;
● 能够熟练使用母版视图;
● 熟悉不同对象的插入及修改:日期与时间、幻灯片编号、文本框、图像、图形、SmartArt 图形、声音、视频等;
● 理解并掌握动画设计;
● 能进行幻灯片切换设置;
● 了解幻灯片放映;
● 理解演示文稿打包输出。

任务 3.1 《行路难》课件制作

3.1.1 任务提出

韩梅是一名师范院校的大四学生,毕业实习时她去了一所中学教语文,每次上课韩梅都做了精心的准备。今天,韩梅准备向学生介绍《行路难》一诗,她在准备好相关素材并对授课内容作了仔细的研究后,经过技术分析,结合 PowerPoint 2010 制作幻灯片的方法与步骤,完成了该任务,效果如图 3-1-1 所示。

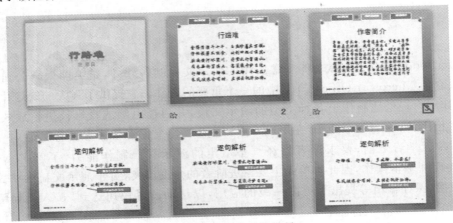

图 3-1-1　课件最终效果

3.1.2 任务分析

在进行《行路难》的课件制作过程中,需要用到 PowerPoint 2010 的以下功能:

◇　创建演示文稿,使用"新建幻灯片",向演示文稿中添加各种版式的幻灯片并进行文字输入;

◇　能够使用多重模板、颜色、母版等设置幻灯片的外观格式;

◇　使用动画效果给 PPT 增加动感并能进行动画设置;

◇　利用动作按钮实现幻灯片前后跳转;

◇　使用幻灯片切换效果;

◇　最后设置演示文稿的放映方式。

3.1.3 相关知识与技能

1.演示文稿和幻灯片

演示文稿就是我们利用 PowerPoint 软件设计制作出来的一个文件,简称 PPT。使用较早的 PowerPoint 2003 或以下的版本创建的演示文稿的扩展名为".ppt",自从 Power-Point 2007 版本后,创建的演示文稿的扩展名均为".pptx"。

一个完整的演示文稿是由多张幻灯片组成的,建立演示文稿后,可以根据编排需要在演示文稿中新建多张幻灯片并对其进行各种操作。

新建一张幻灯片有多种方法：

（1）单击"开始"选项卡中"幻灯片"组中的"新建幻灯片"按钮的上半部，可直接新建一张默认版式的幻灯片。

（2）也可以单击"新建幻灯片"按钮右下角的下拉按钮，在弹出的下拉列表中选择一种幻灯片版式，即可插入一张应用所选版式的幻灯片。

（3）使用快捷键 Ctrl＋m，可快速插入一张沿用当前幻灯片版式的新幻灯片。

> **技巧：** 在左侧幻灯片窗格中，选择任意一张幻灯片的缩略图，按 Enter 键即可新建一张与所选幻灯片版式相同的幻灯片。

2.幻灯片中文本的快速导入

幻灯片中可以添加多种对象，包括文本、图形、图像、表格、图表等等。其中文本是最基本最常见的一种对象。

在幻灯片中添加文本的方法是多种多样的。

（1）使用文本占位符或文本框直接输入

一般情况下，我们可以在幻灯片中，单击幻灯片中的文本占位符直接输入文字。如果幻灯片中预置的文本占位符不够，可以执行"插入——文本——文本框"，单击"文本框"命令的下拉按钮选择横排文本框或竖排文本框插入，然后再直接输入文本。

（2）可以在大纲选项卡中直接输入

在大纲选项卡中，在幻灯片图标右侧输入文字，即可作为该幻灯片的标题文本，按 Enter 键，即可新建一张幻灯片，按 TAB 键，可实现文本的降级（例如将标题文本级别降为正文一级文本），按 Shift＋TAB 键可实现文本的升级。

如果已经准备好文字素材，也可将其全部复制粘贴到大纲选项卡内，利用回车、降级、升级进行调整，即可快速制作一个具有多张幻灯片的纯文字演示文稿。

（3）导入 Word 中的文本

可用 Word 2010 输入文本并设置文本的大纲级别并保存，如图 3-1-2 所示。

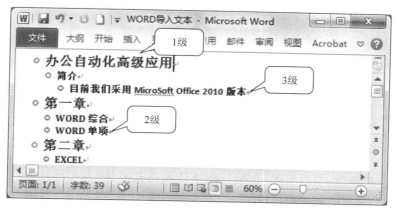

图 3-1-2　Word 中的文本设置级别

在 PowerPoint 2010 中，切换到"开始"选项卡，单击"新建幻灯片"按钮的下部下拉按钮,在随后出现的幻灯片版式列表中,选择"幻灯片(从大纲)"选项,如图 3-1-3 所示,在打开的"插入大纲"对话框中选择前面已经设置好级别的 Word 文件,插入后就可将其中的文本导入到演示文稿的相应幻灯片中,如图 3-1-4 所示。

图 3-1-3 从大纲插入幻灯片

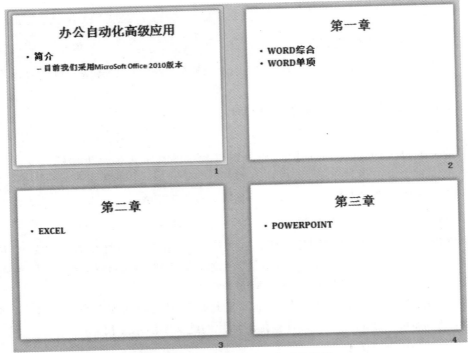

图 3-1-4 导入 Word 文本后效果图

文本输入后,可设置其字体、字号和字符颜色等,也可以设置文本的段落格式、项目符号和编号等,如图 3-1-5 所示。

图 3-1-5 设置字体格式及段落格式

3. 主题

主题是由主题颜色、主题字体(包括标题字体和正文字体)和主题效果(包括线条和填充效果)三者组合而成的。主题可以是一套独立的选择方案,在 PowerPoint 2010 中将某个主题应用于演示文稿时,该演示文稿中所涉及的字体、背景、效果等都会自动发生变化。当然,如果用户不喜欢默认的主题方案,还可以单独对主题颜色、字体以及效果进行自定义设置。

（1）主题样式

在 PowerPoint 2010 中，系统附带了很多主题，如图 3-1-6 所示，为我们制作幻灯片节省了大量的设计时间，但是选择了某一主题之后，所有的幻灯片都采取了相同的风格格式。我们可以对该主题作修改，然后单击"保存当前主题"命令就可以另存一个自定义主题。有的时候我们需要在一个演示文稿中应用多种主题，使得幻灯片更加丰富多彩。

图 3-1-6　内置主题样式

打开需要设置主题的演示文稿，选中任意一张幻灯片，在"设计"选项卡下的"主题"组中选择一个主题，如"极目远眺"，此时，演示文稿中所有的幻灯片都应用了该主题。如图 3-1-7 所示，该演示文稿中有 4 张幻灯片，虽然其版式各自不同：标题幻灯片、标题与内容、两栏文本、图片与标题，但是风格统一，格式一致。

图 3-1-7　主题样式应用后效果

现在选中第 2 张幻灯片，在"设计——主题"中右键单击"龙腾四海"主题，在随后弹出的快捷菜单中单击"应用于选定幻灯片"，如图 3-1-8 所示，则会发现第 2 张幻灯片的格式随之改变，与其他三张明显不同。

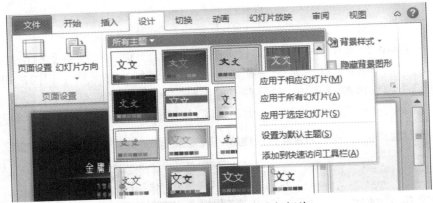

图 3-1-8　主题应用于所选幻灯片

用此方法可以在一个演示文稿中应用多种主题。如图 3-1-9 所示,4 张幻灯片分别应用了"极目远眺"、"龙腾四海"、"跋涉"和"夏至"四种主题。当然,在实际设计中,一个演示文稿的主题不宜过多,风格要大致统一,才能达到较好的效果。

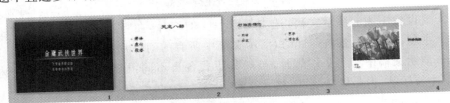

图 3-1-9　多主题应用效果

(2)主题颜色

演示文稿应用了主题样式后,如果用户觉得所套用样式中的颜色不是自己喜欢的,则可以更改主题颜色。主题颜色是指文件中使用的颜色集合,包含了四种文本和背景颜色、六种强调文字颜色以及两种超链接颜色。不同的主题内置不同的主题颜色,如图 3-1-10 所示。

1)应用内置的主题颜色

◇　单主题的演示文稿

如果该演示文稿只应用了一种主题,如应用了"奥斯汀",单击"设计"选项卡下"主题"组中的"颜色"按钮,选择一种颜色方案,则该方案会应用于该文稿的所有幻灯片。如图 3-1-10 所示是应用"奥斯汀"主题的演示文稿颜色方案修改为"华丽"后的效果。

◇　多主题的演示文稿

如果一个演示文稿应用了多种主题,则单击"颜色"选择一种颜色方案后,该方案会应用于跟选中幻灯片使用相同主题的所有幻灯片。如图 3-1-11 中,第 1 张和第 4 张使用了"奥斯汀"主题,选中第 1 张幻灯片选择"华丽"颜色方案后,第 1 张和第 4 张幻灯片的颜色方案都做了相应的改变。

也可以在颜色方案上单击鼠标右键,弹出一个快捷菜单,如图 3-1-12 所示,使用其中的命令进行颜色方案的应用:

选择"应用于所有幻灯片",把该颜色方案应用于演示文稿的所有幻灯片(不论应用何种主题）；

选择"应用于所选幻灯片"，只把颜色方案应用于某张选中的幻灯片；

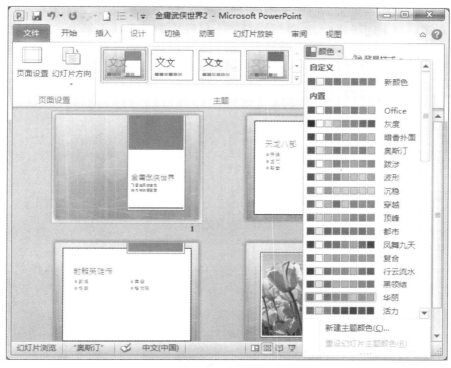

图 3-1-10　单主题演示文稿主题颜色修改

图 3-1-11　多主题演示文稿的颜色修改

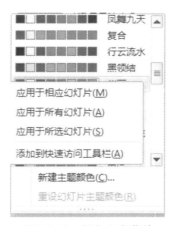

图 3-1-12　颜色方案菜单

选择"应用于相应幻灯片",把颜色方案应用于与本幻灯片同主题的所有幻灯片。

（3）主题字体

每个 Office 主题均定义了两种字体：一种用于标题，另一种用于正文文本，如图 3-1-13 所示。应用了一种主题样式后，如果用户对所套用样式中的字体不满意，则可以更改主题字体样式。设置主题字体主要包括直接套用内置的字体样式和自定义主题字体两种方式。

图 3-1-13　主题字体

1）应用内置的主题字体

在 PowerPoint 2010 中有一组预置的主题字体，用户可以选择一种字体样式直接套用即可，例如图 3-1-14 所示选择"微软雅黑"。

图 3-1-14　内置主题字体

2）应用自定义主题字体

如果用户对内置的主题字体都不满意，则可以通过"新建主题字体"命令自定义主题字体方案。自定义主题字体时，需要设置西文和中文两类字体，其中西文和中文字体又包含标题和正文两类，这都需要分类进行设置，设置完毕后可以将其保存下来供以后的演示文稿使用，如图 3-1-15 所示。

（4）主题效果

主题效果是指应用于幻灯片中元素的视觉属性的集合，是一组线条和一组填充效果。通过使用主题效果库，如图 3-1-16 所示，可以快速更改幻灯片中不同对象的外观，使其看起来更加专业、美观。

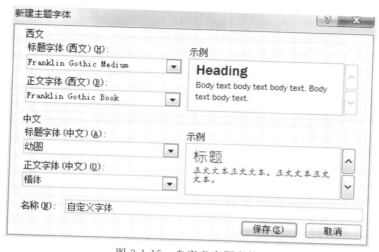

图 3-1-15　自定义主题字体

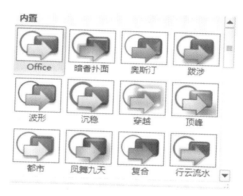

图 3-1-16　主题效果

4. 母版

幻灯片母版就是一张特殊的幻灯片,用于存储有关演示文稿的主题和幻灯片版式的信息,包括背景、颜色、字体、效果、占位符大小和位置。在演示文稿中,所有幻灯片都基于该幻灯片的母版创建,如果更改了幻灯片母版,则会影响所有基于母版创建的演示文稿幻灯片。因此修改和使用幻灯片母版的主要优点是可以对演示文稿中的每张幻灯片(包括以后添加到演示文稿的幻灯片)进行统一的样式更改。

切换到"视图"选项卡,选择"母版视图"中的"幻灯片母版"命令按钮,就能切换到"幻灯片母版"视图。

在"幻灯片母版"视图下,可以看到 PPT 自带的一组默认母版,如图 3-1-17 所示。

幻灯片母版:幻灯片母版缩略图中最上面的一张较大的幻灯片,在该页中添加的内容设置的格式会在下面所有版式中出现。

与幻灯片母版关联的不同版式的幻灯片:在幻灯片母版下有多种幻灯片的版式,例如"标题幻灯片"版式、"标题和内容幻灯片"版式……,可以对其分别作修改。

注意:我们可以像更改任何幻灯片一样更改幻灯片母版,但是母版上的文本只用于样

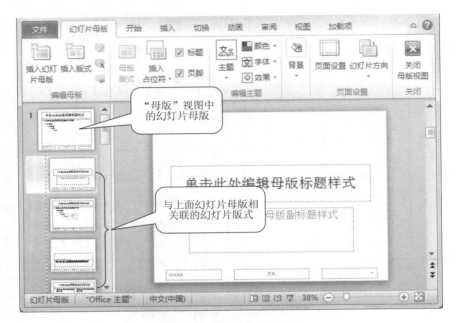

图 3-1-17　幻灯片母版介绍

式,实际的文本应在普通视图的幻灯片上键入。

我们可以编辑占位符(虚线框标注的区域,包括标题区、对象区、日期区、页脚区和数字区),例如在"幻灯片母版"中,单击标题占位符,选定其中的提示文字,并且改变其格式,就可以一次性更改所有的标题格式。单击"幻灯片母版"选项卡上的"关闭母版视图"按钮,返回普通视图中,我们可以见到每张幻灯片的标题均发生了变化。

用户也可以在母版中加入任何对象,使每张幻灯片都自动出现该对象。例如希望为每张幻灯片都贴上公司的 LOGO,可以在幻灯片母版视图中插入 LOGO 图片,并对图片的大小位置进行调整,在"关闭母版视图"回到普通视图后,我们能发现每张幻灯片都出现了插入的 LOGO 图片。

如图 3-1-18 所示是演示文稿应用了"奥斯汀"主题之后的幻灯片母版。各个支持版式尽管排列方式不同,均使用了相同的主题、相同的配色方案,每个版式在幻灯片上的不同位置提供文本框和页脚,并在不同文本框中使用了不同的字体格式。

如果演示文稿中包含了两种或多种不同的主题,则在"幻灯片母版"视图中可以看到两个或多个幻灯片母版,如图 3-1-19 所示。

5.页眉和页脚

PowerPoint 演示文稿的幻灯片,同 Word 文档和 Excel 工作表相似,也可以将日期、编号等内容添加到每张幻灯片的页眉或页脚中。

操作:切换到"插入"选项卡,单击"文本"组中的"页眉和页脚"(或"日期和时间"、"幻灯片编号")按钮,打开页眉和页脚对话框,如图 3-1-20 所示。

选中相应的选项,如勾选"日期和时间"等,设置其格式或输入文本(页脚文本),如果单击"应用"按钮,则所作设置只应用到当前幻灯片中;如果单击"全部应用"按钮,则所作设置会应用到所有幻灯片中。

图 3-1-18　单主题的幻灯片母版　　　　　图 3-1-19　双主题的幻灯片母版

　　默认插入的页脚位于幻灯片底部,如果需要调整位置,可在幻灯片母版视图下对其像拖动文本框一样操作即可,同时也可以修改其字体格式。

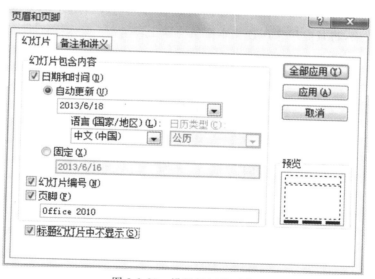

图 3-1-20　设置幻灯片页脚

6.动画效果

　　动画:给文本或对象添加特殊视觉或声音效果。例如,您可以使文本逐字从左侧飞入,或在显示图片时播放掌声。使用动画效果可以使演示文稿更具动态效果,并有助于提高信息的生动性。PowerPoint 2010 中提供了 4 种动画:进入、退出、强调、动作路径,如图 3-1-21 所示。

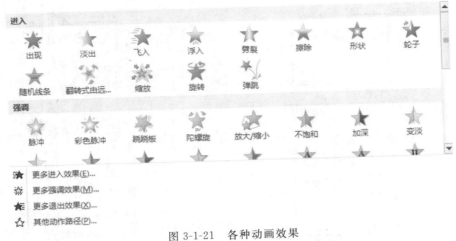

图 3-1-21　各种动画效果

（1）设置进入动画

所谓"进入"动画，就是演示文稿在放映过程中，文本等对象进入播放画面中所设置的动画效果。

选中幻灯片中的文本或对象，切换到"动画"选项卡中，单击"动画样式"组右下角的"其他"按钮，在随后出现的"动画样式"下拉列表中，选择"进入"动画列表中的某一种动画效果（例如"飞入"），即可将该"进入"动画效果应用于所选择的文本框或者对象。

如果用户对上述"动画样式"列表中的"进入"动画效果不满意，可以在上述下拉列表中，选择"更多进入效果"选项，打开"更改进入效果"对话框，如图 3-1-22 所示，选择到更多的"进入"动画效果，将其应用于所选文本框或对象上。

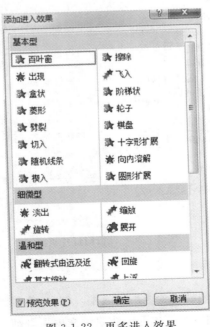

图 3-1-22　更多进入效果

（2）设置强调动画

所谓强调动画，就是演文稿在放映过程中，为幻灯片中已经显示的文本或对象设置加强显示的动画效果。

设置"强调"动画，与上述设置"进入"动画效果操作方法完全一样。

（3）设置退出动画

所谓"退出"动画，就是演示文稿在放映过程中，幻灯片中已经显示的文本或对象离开画面时所设置的动画效果。设置方法和"进入"、"强调"动画效果的操作方法完全一致。

（4）动作路径动画

PowerPoint 2010 内置了一些路径动画，供用户直接设置使用。其设置方法和"进入"、"强调"等操作一致。

如果用户有特殊路径动画要求，也可以通过绘制路径动画来解决。

（5）动画的复制

在 PowerPoint 2010 中，可以通过"动画刷"功能，如图 3-1-23 所示，将某个文本框或对象的动画效果快速复制给其他文本框或对象。

图 3-1-23　动画刷

选中一个已经设置了某种动画效果的文本框或对象，切换到"动画"选项卡中，单击"高级动画"组中的"动画刷"按钮，此时，鼠标变成刷子形状，在其他文本框或对象上单击，即可快速实现复制。

如果源文本框或对象设置了多个动画效果，采取动画刷进行动画效果复制时，多个动画效果被同时复制。

和格式刷一样，如果双击动画刷，则可将动画效果复制给多个对象。复制完成后，再次单击动画刷或者按 ESC 键退出动画刷功能即可。

（6）删除动画效果

切换到"动画"选项卡中，单击"高级动画"组中的"动画窗格"按钮，展开动画窗格，右击需要删除的动画选项，在随后出现的菜单中选择"删除"选项就可删除动画。也可以在动画窗格中选中需要删除的动画效果选项，按 DEL 键实现动画效果删除。

（7）设置动画属性

为某对象添加了动画效果后，如果用户对默认的相关动画属性不满意，可以重新调整设置，如图 3-1-24 所示。

1）设置效果选项

即设置动画的运动方向和形式。对于不同的动画效果，其动画选项可能是不一样的。

操作：选中设置了动画的对象，单击"动画"选项卡中"动画"组左侧的动画选项按钮，在

图 3-1-24 动画属性设置

弹出的下拉列表中选择合适的动画选项即可。

2）设置动画开始方式

默认情况下，为对象设置的动画，在幻灯片放映过程中，是通过"单击"鼠标来播放动画效果的。我们可以更改一开始播放的方式。

单击时——单击鼠标时播放效果。

与上一动画同时——在播放前面一个动画的同时，播放此动画效果。

上一动画之后——前面一个动画效果播放后，自动播放此动画效果。

3）设置动画持续时间

动画持续时间是在幻灯片放映过程中，从开始播放动画到动画播放的整个时间，默认情况下，不同的动画效果其持续时间是不一样的。

数值设置法：展开"动画窗格"，选中需要调整的某个动画效果选项，切换到"动画"选项卡中，单击"计时"组中的"持续时间"右侧的调整按钮，调整至合适值即可。

拖拉调整法：展开"动画窗格"，将其调整宽一些，选中需要调整的某个动画效果选项，将鼠标移至"高级日程表"（通常是一黄色柱状条）右侧边缘处，待鼠标呈双向拖拉箭头时，按住鼠标左键向右（左）拖拉至合适的数值时，松开鼠标键即可，如图 3-1-25 所示。

图 3-1-25 拖拉法调整动画持续时间

4）设置动画延迟时间

延迟时间就是执行了动画的开始操作后，动画延迟播放的时间，默认情况下，此时间为0，同样也可以通过数值设置法和拖拉调整法进行调整。

5）调整动画播放顺序

默认情况下，动画的播放顺序同动画的添加顺序是一致的。如果动画顺序有问题，我们可以通过单击动画窗格"重新排序"上下箭头即可调整顺序。

6）重复播放动画效果

一般添加的动画效果只播放一次，如果需要重复播放，需要在展开的动画窗格中，右击某个动画选项,在随后出现的快捷菜单中选择"计时"命令,打开相应的动画属性设置对话框,切换到"计时"选项卡,单击"重复"右侧的下拉按钮,选择要重复的次数确定即可,如图3-1-26所示。

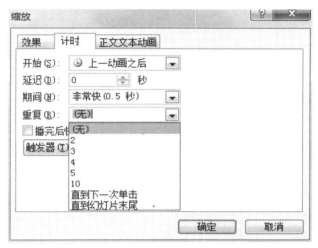

图 3-1-26　动画重复效果设置

7)触发器的使用

触发器是 PowerPoint 中的一项功能,它相当于一个按钮,在 PowerPoint 中设置好触发器功能后,点击触发器就会触发一个操作。

操作:选择要被触发的对象,给其插入动画效果,在动画窗格中右击该动画,在随后弹出的快捷菜单中选择"计时",在弹出的对话框中单击"触发器"按钮,然后单击"单击下列对象时启动效果",在右侧的下拉框中选择能触发该动画的对象,如图 3-1-27 所示。

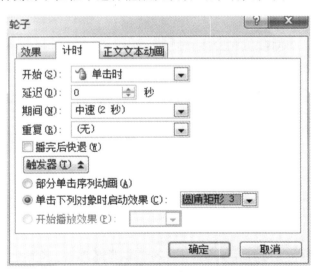

图 3-1-27　触发器使用

7.幻灯片切换

所谓的幻灯片切换指的是两张连续的幻灯片之间的过渡效果。PowerPoint 可以让幻灯片以不同的方式出现在屏幕上，并且可以在切换时发出声音。如图 3-1-28 所示，为幻灯片设置了"淡出"的切换效果。

图 3-1-28　切换功能选项卡

（1）设置单张幻灯片切换效果

定位到该幻灯片，切换到"切换"选项卡，单击"切换到此幻灯片"组中框右下角的"其他"按钮，在随后出现的切换样式列表中，选择一种合适的切换样式即可，如图 3-1-29 所示。

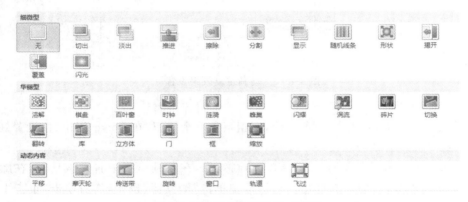

图 3-1-29　幻灯片切换样式列表

（2）设置多张幻灯片切换效果

在幻灯片缩略图中，使用 Shift 键或 Ctrl 键，一次性选中多张连续的或多张不连续的幻灯片，然后仿照上面操作，即可为选中的多张幻灯片一次性设置切换效果。

（3）设置所有幻灯片切换效果

定位到任意一张幻灯片中，仿照上面操作设置一种切换效果，然后单击"计时"组中的"全部应用"按钮，即可为整个演示文稿所有幻灯片设置切换效果。

8.幻灯片放映

演示文稿完成后，最后要向观众播放。可通过按 F5 或选择"幻灯片放映"选项卡下的"从头开始"即可开始放映演示文稿。

（1）隐藏幻灯片

在演示文稿中，有些不想播放的幻灯片，又不想将其删除，此时可以用隐藏幻灯片来解决。

选中需要隐藏的幻灯片，切换到"幻灯片放映"选项卡，单击"设置"组中的"隐藏幻灯片"按钮即可。在幻灯片浏览视图下，被隐藏的幻灯片编号上有一个斜杠，以便区分。

如果需要解除幻灯片的隐藏效果，只需要再次单击"隐藏幻灯片"按钮即可。

默认情况下,幻灯片被隐藏后,在幻灯片的放映过程是不显示的,如果放映时,想临时显示某张被隐藏的幻灯片,可以在放映的画面上单击鼠标右键,在随后出现的快捷菜单中,展开"定位至幻灯片"选项,选择相应的隐藏幻灯片(隐藏幻灯片的序号用圆括号括起)即可让其显示出来,如图 3-1-30 所示。

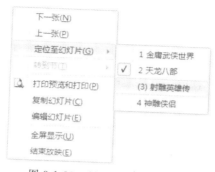

图 3-1-30　显示隐藏的幻灯片

（2）放映中的控制

1）切换幻灯片

在演示文稿放映过程中按顺序切换幻灯片,一般通过鼠标单击法或按键盘上的"→"、"↓"等方向键依次放映幻灯片及其中的动画。

2）跳转幻灯片

如果在放映过程中,想临时跳转某张不连续的幻灯片,可以在放映时单击鼠标右键,在弹出的快捷菜单中使用"定位至幻灯片"选项进行定位。如前所述。

也可以通过键盘输入需要跳转的幻灯片编号,然后按"Enter"键确认,即可跳转放映相应的幻灯片。

放映过程中,同时按住鼠标左右键 2 秒,即可返回到第 1 张幻灯片中。

3）使用"笔"

在演示文稿放映过程中,可以使用多种"笔"来指示或标注幻灯片中的内容,如图 3-1-31 所示。

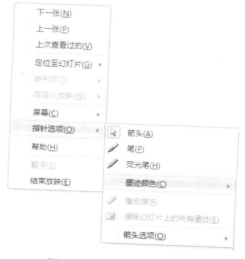

图 3-1-31　使用笔进行标注

（3）把演示文稿保存为放映格式

演示文稿制作完成后，可执行"文件——另存为"命令，打开"另存为"对话框，将保存类型设置为"PowerPoint 放映"或"启用宏的 PowerPoint 放映"格式，然后取名保存（扩展名为".ppsx"）。之后需要放映文件时，可双击该格式的文档，直接进入放映状态，放映结束后，直接关闭退出。

（4）演示者视图

在制作演示文稿时，常常会在某些幻灯片的备注框中添加一些说明性的文字，使得演示者在解说幻灯片时能如虎添翼。这就需要在放映时观看者电脑或投影仪中显示出正常的放映界面，而演示者的电脑中却能查看到备注中的内容，此时可以通过演示者视图功能来实现。

操作时需要事先将演示者电脑和投影设备连接，也就是需要双显示。然后分别对电脑的显示属性和 PowerPoint 的放映方式进行设置，使得全屏放映界面扩展显示到投影设备上。

3.1.4　任务实施

1.创建演示文稿

单击"开始"按钮，依次选择"所有程序——Microsoft Office——Microsoft PowerPoint 2010"命令，启动 PowerPoint 2010 后，系统会自动创建一新的空白演示文稿，此时该文稿只有一张幻灯片。

现在我们使用 Word 导入文字（素材"行路难.docx"已经准备好）。

（1）在左侧幻灯片窗格中右键单击第一张幻灯片，选择"删除幻灯片"命令删除该幻灯片，如图 3-1-32 所示。

图 3-1-32　删除幻灯片

（2）单击"开始"选项卡下"幻灯片"组中的"新建幻灯片"按钮的下半部，在弹出的菜单中选择"幻灯片（从大纲）"命令，在弹出的"插入大纲"对话框中选择"行路难.docx"，单击"打开"按钮关闭窗口，此时可以发现 PowerPoint 2010 中插入了 3 张幻灯片。注意：因为WORD 中文字自带格式，所以用此法添加到 PPT 中的文本需要全选，并单击"开始"选项卡中的"清除所有格式"按钮，使得文本去除原先字体格式，使用演示文稿默认的格式。

（3）选择第 1 张幻灯片，单击"开始"选项卡"幻灯片组"中的"版式"命令按钮，将该幻灯片的版式修改为"标题幻灯片"。最后效果如图 3-1-33 所示。

图 3-1-33　初始文字输入后效果

2.设置幻灯片格式

（1）设置多重幻灯片主题

切换到"幻灯片浏览视图"，选中第 1 张幻灯片，单击"设计"选项卡，在"主题"组的列表中选择所需的"暗香扑面"主题样式，此时，所有幻灯片都应用了"暗香扑面"主题。

鼠标单击第 2 张幻灯片，按 Shift 键单击最后一张幻灯片，即选中除标题幻灯之外的其他所有幻灯片，单击"主题"组右下角的"其他"按钮，在弹出的"所有主题"列表中选择"图钉"主题，如图 3-1-34 所示，最终标题幻灯片应用"暗香扑面"主题，其余页面使用"图钉"主题，效果如图 3-1-35 所示。

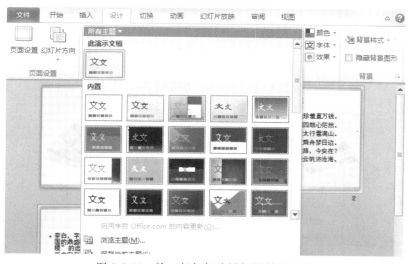

图 3-1-34　给一般幻灯片添加"图钉"主题

图 3-1-35　使用两种主题后的效果

（2）修改幻灯片的主题颜色

选中标题幻灯片，单击"设计"选项卡中"主题"组中的"颜色"按钮，会弹出一个内置的颜色列表,可以选中应用其中的某一种颜色方案,也可以新建主题颜色。对于标题幻灯片,我们直接单击颜色列表中的预置颜色"精装书",如图 3-1-36 所示。

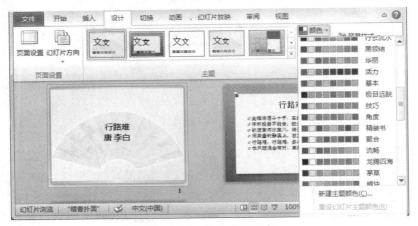

图 3-1-36　修改主题颜色

单击第 2 张幻灯片,单击"颜色"按钮,在弹出的颜色列表中单击"新建主题颜色",在弹出的"新建主题颜色"对话框中可以对各元素颜色进行修改,并命名为"新颜色",保存退出,如图 3-1-37 所示。

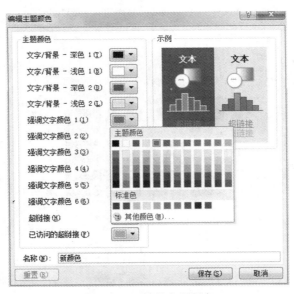

图 3-1-37　编辑主题颜色

（3）使用"母版"修改幻灯片格式

选择"视图"选项卡,单击"幻灯片母版",进入母版视图,由于我们使用了"暗香扑面"和"图钉"两种主题,在左边的幻灯片缩略图中我们可以看到有两种主题的幻灯片缩略图,在实际操作过程中一定要注意区分。

1）修改标题幻灯片格式

单击选择左边幻灯片缩略图中的"标题幻灯片版式:由幻灯片 1 使用"幻灯片（注意:该

幻灯片使用"暗香扑面"主题），单击选中标题占位符，单击"开始"选项卡，修改字体为"隶书"，字号为 72。

　　单击"绘图工具格式"选项卡，在"艺术字样式"组中单击下拉箭头，在弹出的艺术字库中选择"渐变填充－褐色，强调文字 4，映像"，如图 3-1-38 和图 3-1-39 所示。

图 3-1-38　设置艺术字样式

2）修改正文幻灯片格式

　　在左边幻灯片缩略图中选择"图钉幻灯片母版"，单击标题占位符，修改字体为"黑体"，单击内容占位符中的一级文本，修改字体为"华文行楷"，28 号字，并删除一级文本的项目符号（方法：选中一级文本，单击"开始"选项卡"段落"组中的"项目符号"按钮，选择项目符号为"无"，如图 3-1-40 所示）。

图 3-1-39　艺术字字库列表

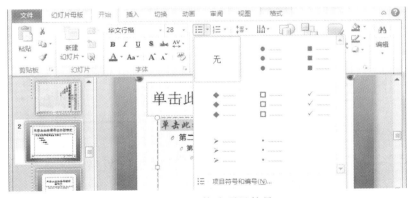

图 3-1-40　修改项目符号

3）设置幻灯片的页眉和页脚

　　仍然选中左边缩略图中的"图钉 幻灯片母版"（标题幻灯片不需要设置页脚），单击幻灯片左下角的"页脚"二字，使光标定位于"页脚"框中，单击"插入"选项卡中的"日期和时间"

命令按钮,在弹出的"日期和时间"对话框中选择"2013 年 6 月 5 日星期三"格式,并勾选"自动更新",确定,如图 3-1-41 所示。

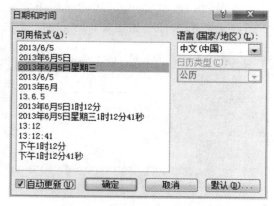

图 3-1-41　插入"日期和时间"

单击幻灯片右下角编号框,使光标定位于其中,如果框内无编号"＜♯＞",则单击"插入"选项卡"幻灯片编号"按钮,即可插入＜♯＞。

此时,如果退出母版编辑状态,会发现日期和编号仍然不显示,这时需要设置幻灯片的页眉页脚。仍然保持母版编辑状态,单击"插入"选项卡中的"页眉页脚"按钮,在弹出的"页眉和页脚"对话框中勾选"幻灯片编号"、"页脚",应用,如图 3-1-42 所示。

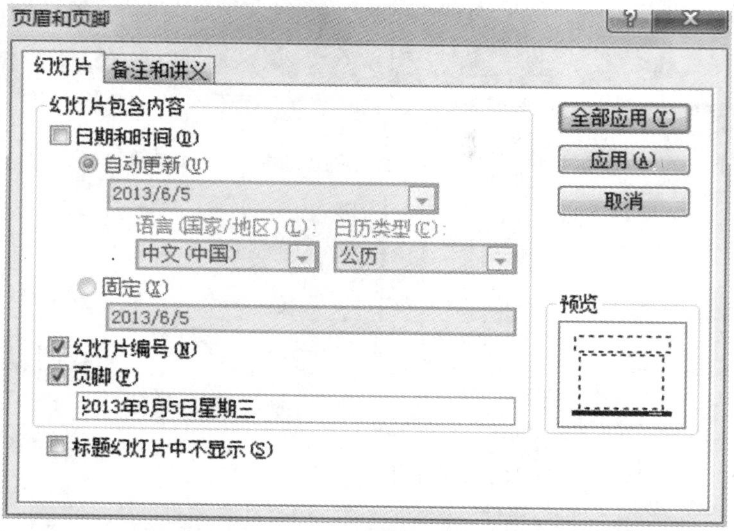

图 3-1-42　页眉和页脚的设置

此时单击"幻灯片母版"选项卡中的"关闭母版"按钮,即可退出母版编辑状态,看到操作效果,如图 3-1-43 所示。

3. 插入其他几张关于"逐句解析"的幻灯片

切换到"普通视图",单击左边幻灯片缩略图中的第 3 张幻灯片,单击"开始"选项卡中的"新建幻灯片"按钮右下角的三角箭头,在弹出的版式列表中选择"图钉"主题的"仅标题"版式,如图 3-1-44 所示。

图 3-1-43　格式设置后效果

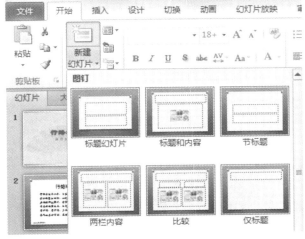

图 3-1-44　新建幻灯片

　　在插入的幻灯片中,单击标题占位符,输入标题"逐句解析";单击"开始"选项卡"绘图"组中的横排文本框,输入内容"金樽清酒斗十千,玉盘珍羞直万钱。"设置字体"华文行楷",字号 28,以及各文字颜色。

　　单击"插入"选项卡中"插图"组中的"形状按钮",在弹出的形状列表中选择"线性标注1",如图 3-1-45 所示,此时鼠标变成实心十字形状,在幻灯片中拖动鼠标绘制形状,在图形上单击右键选择"编辑文本",输入文字并设置字体格式,输入文字"美酒佳肴的铺陈",设置字体格式。

图 3-1-45　插入形状

用同样的方法插入幻灯片、文本框、形状，完成第 4 张、第 5 张和第 6 张幻灯片的制作，效果如图 3-1-46 所示。

图 3-1-46　新插入的 3 张幻灯片

4.给幻灯片添加动画效果

（1）添加进入动画效果

在左侧的幻灯片缩略图中选中第 4 张幻灯片，鼠标单击选中文本框"金樽清酒斗十千，玉盘珍羞直万钱"，单击"动画"选项卡，在"动画"组中选择进入动画效果"擦除"，单击"效果选项"按钮选择"自左侧"，如图 3-1-47 所示。

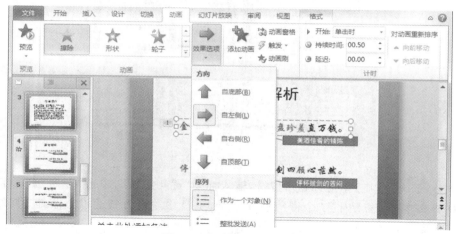

图 3-1-47　添加进入动画

（2）使用动画刷进行动画复制

保持选中文本框"金樽清酒斗十千，玉盘珍羞直万钱"，单击"动画"选项卡中的"动画刷"按钮，此时鼠标指针处出现一把小刷子，单击文本框"停杯投箸不能食，拔剑四顾心茫然"，此时该文本框也应用了"擦除"的进入动画效果。

（3）添加"触发器"动画

单击选中线形标注"美酒佳肴的铺陈"，单击"动画"选项卡——"添加动画"按钮——"浮入"进入动画，单击"动画窗格"按钮，在窗口右侧出现动画窗格，在其中单击动画 3 的向下箭头按钮，在弹出的菜单中选择"计时…"，如图 3-1-48 所示，会出现一个"上浮"动画对话框。

在对话框的"计时"选项卡中，单击"触发器"按钮，在出现的选项钮中单击"单击下列对象时启动效果"，在右边的下拉列表框中选择"矩形 3：金樽清酒斗十千，玉盘珍羞直万钱"，

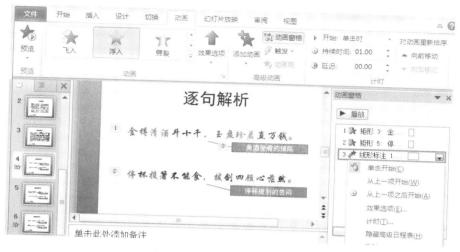

图 3-1-48　设置动画的效果

确定退出。该动画放映效果为，当鼠标单击矩形 3 时，线形标注"美酒佳肴的铺陈"以"浮入"的效果出现，如图 3-1-49 所示。

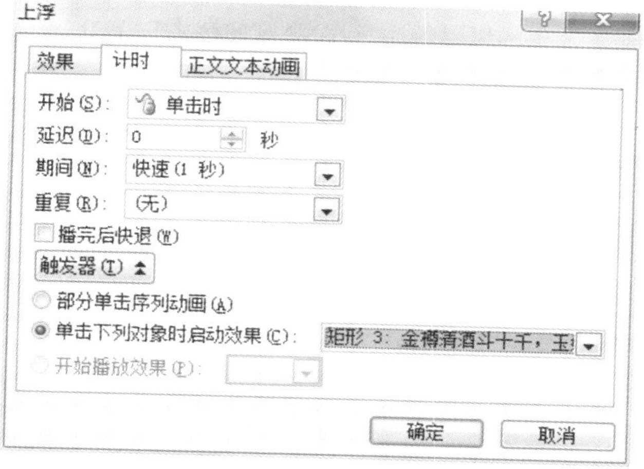

图 3-1-49　触发器的设置

同理，给线形标注"停杯拔剑的苦闷"添加"浮入"动画，并设置其触发器东对象为"矩形 5：停杯投箸不能食，拔剑四顾心茫然"。设置好动画后该幻灯片的动画窗格如图 3-1-50 所示。

（4）设置"强调"动画效果

在幻灯片缩略图中选中第 6 张幻灯片，单击幻灯片窗格中的文本框"行路难，行路难，多歧路，今安在？"，单击"动画"选项卡中"添加动画"按钮，在弹出的动画列表中选择"强调"动画"放大/缩小"。在右侧的"动画窗格"中右击该动画，选择"效果选项"，会弹出"放大/缩小"动画的设置对话框，如图 3-1-51 所示，在"效果"选项卡的"尺寸"下拉列表中选择自定义"300%"。

图 3-1-50　动画窗格

图 3-1-51　设置"放大/缩小"动画属性

在"计时"选项卡中,在"开始"下拉列表中选择"上一动画之后",在重复下拉列表中选择"3",也就是该放大动画要重复 3 次。

(5)设置"退出"动画

单击选中第 6 张幻灯片中的线性标注"行路艰难的感慨",单击"动画"选项卡下"添加动画"命令,选择退出动画效果"收缩并旋转"。

用户可以用以上的办法为其他幻灯片的元素添加动画,增添演示文稿的动态效果。

5. 为第 4、5、6 张幻灯片添加动作按钮

在幻灯片缩略图中单击选择第 4 张幻灯片,在"插入"选项卡的"插图"组中选择"形状"命令,在弹出的形状列表中选择"动作按钮"中的"前进"按钮,使用默认的动作设置,再添加"后退"按钮,也是用默认的动作设置(见图 3-1-52)。这样可以利用"前进"和"后退"按钮进行上下幻灯片的切换,如图 3-1-53 所示。

图 3-1-53　添加效果图

图 3-1-52　动作按钮

给第 5、第 6 张幻灯片也添加"前进"和"后退"按钮。

6. 利用母版和 SmartArt 图形给幻灯片添加导航栏

(1)单击"视图"选项卡中的"母版视图"组下的"幻灯片母版"命令,切换到幻灯片母版

视图。

（2）选择左侧幻灯片母版缩略图中的"图钉幻灯片母版"，单击"插入"选项卡下"插图"组中的"SmartArt"，在弹出的"选择 SmartArt"图形对话框中选择"流程"类中的"基本流程"图形，如图 3-1-54 所示，确定退出。

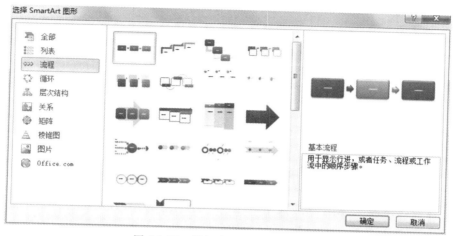

图 3-1-54　添加流程 SmartArt 图形

（3）给 SmartArt 图形中添加文字，并用鼠标改变大小，然后将其定位到幻灯片顶部合适的位置上。选中该图形，在"开始"选项卡"字体"组中设置字号为 16，加粗，加文字阴影。

选中添加的 SmartArt 图形，单击"SmartArt 工具"下的"设计"选项卡，鼠标单击"更改颜色"按钮，在弹出的颜色列表中选择"彩色——强调文字颜色"，如图 3-1-55 所示。

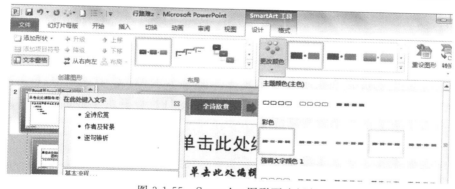

图 3-1-55　SmartArt 图形更改颜色

（4）给 SmartArt 图形添加超链接。

单击 SmartArt 图形中的流程部件"全诗欣赏"，单击鼠标右键，在随后出现的快捷菜单中，选择"超链接"选项，或者单击"插入"选项卡下"超链接"命令，打开"插入超链接"对话框。

如图 3-1-56 所示，在左侧"链接到"下面选中"本文档中的位置"选项，然后在右侧幻灯片列表中，选中"2.行路难"幻灯片，用同样的方法给其他图形流程部件添加相应的超链接。

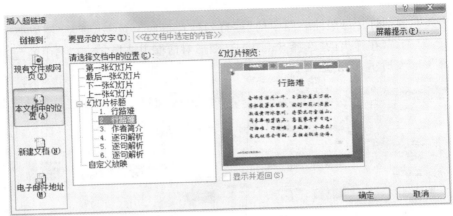

图 3-1-56　插入超链接

（5）切换到"幻灯片母版"选项卡，单击"关闭"组中的"关闭母版视图"按钮，退出母版的编辑状态。

以后，在放映过程中，在任何一张使用"图钉"模板的幻灯片顶端都有一个导航菜单，单击导航菜单中的相应按钮，即可切换到链接的幻灯片中。

7.设置幻灯片切换效果

设置切换效果：选择标题幻灯片，单击"切换"选项卡，在"切换到此幻灯片"组中的列表框中选择要使用的切换方案"擦除"。

设置切换选项：单击"切换到此幻灯片"组中的"效果选项"按钮，在弹出的下拉列表中选择切换效果方向为"自顶部"。在"持续时间"数值框中输入 0.5，表示切换动画持续时间为半秒钟。

为所有幻灯片应用一种切换方案：在选择方案后单击"全部应用"按钮即可。

8.隐藏"作者及简介"幻灯片

在左侧幻灯片缩略图中选中第 3 张幻灯片，切换到"幻灯片放映"选项卡，单击"设置"组中的"隐藏幻灯片"按钮，如图 3-1-57 所示，可以将该幻灯片设置为不播放。当单击导航栏上的"作者简介"链接时，仍旧可以调出该幻灯片。

图 3-1-57　隐藏幻灯片

完成后，可看到第 3 张幻灯片的编号上有一个斜杠框，表示该幻灯片隐藏。

9.编写备注并使用演示者视图

（1）编写幻灯片备注信息。

在普通视图下，在下方的备注框中输入幻灯片的备注文字。例如图 3-1-58 所示显示的是第 2 张幻灯片的备注信息。

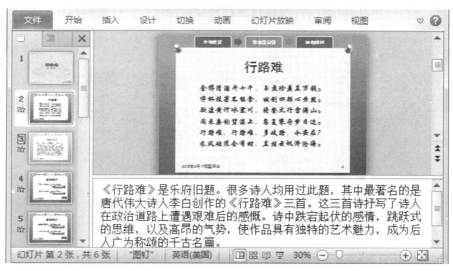

图 3-1-58　编写备注信息

（2）将投影设备或其他幻灯片输出设备连接到 PC 电脑或笔记本上。

（3）电脑显示属性设置：

在 Windows7 中按"Win 键"＋P，选择"扩展"模式，如图 3-1-59 所示。

图 3-1-59　开启扩展

（4）PowerPoint 放映设置：

切换到"幻灯片放映"选项卡，单击"设置幻灯片放映"按钮，弹出"设置放映方式"对话框。如果没有开启扩展桌面，则"多监视器"处"幻灯片放映显示于"下默认的"主要监视器"，无法修改，如图 3-1-60 所示。

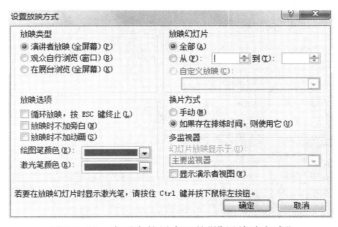

图 3-1-60　未开启扩展桌面的"设置放映方式"

如果开启了扩展桌面,则可对其进行修改,我们在该窗口的下拉列表中选择要将演示文稿在"监视器 2"上进行放映,再勾选"演示者视图"选项,单击"确定"按钮,如图 3-1-61 所示。

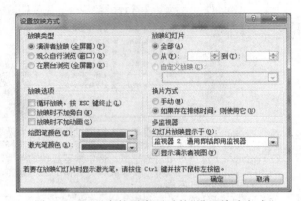

图 3-1-61　开启扩展桌面后的"设置放映方式"

(5)使用演示者视图放映:

放映演示文稿,此时,投影仪上显示的是全屏放映界面,如图 3-1-62 所示,而演示者电脑上显示的是带有备注并含控制的界面,如图 3-1-63 所示。

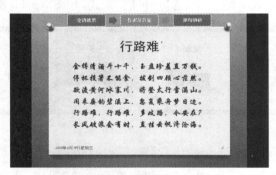

图 3-1-62　观众看到的扩展显示内容

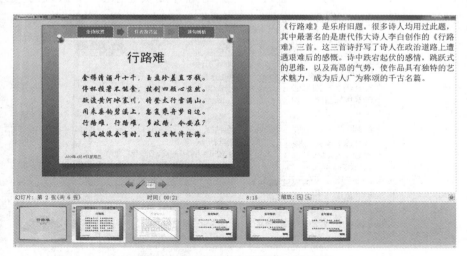

图 3-1-63　演示者电脑屏幕上的界面

3.1.5　任务总结

本案例主要讲解了演示文稿中如何应用多种主题，如何使用母版修改幻灯片的格式，并对设置对象的动画效果（进入、强调、推出、触发器等）做了详细介绍，最后设置幻灯片的切换效果，设置放映方式等，通过该案例，可以对如何创建一个演示文稿的过程有一个清楚的认识。

任务 3.2 "风吹麦浪"MTV 制作

3.2.1 任务提出

小徐同学刚刚学习了 PowerPoint 2010，他想"我是不是可以用它来做一个 MTV 呢?"于是，小徐准备好了音频"风吹麦浪.mp3"，准备好了一些背景图以及歌词，就开始制作了。

3.2.2 任务分析

用 PowerPoint 2010 制作 MTV，需要插入音频，插入背景图片并为每张幻灯片插入歌词文本框，对歌词文本框进行各种动画设置，最后可以用"计时"选项设置或者用"排练计时"来进行歌词与音频同步。

3.2.3 相关知识与技能

1. 插入图片

图形图片是制作演示文稿的基本素材，在演示文稿的幻灯片中可以使用自选图形、外部图片和 SmartArt 图形等让演示内容更加直观形象。

插入外部图片步骤："插入——图像——图片"，打开"插入图片"对话框，选择相应图片即可。也可以插入带有图片占位符的幻灯片，单击图片占位符也可打开"插入图片"对话框。

插入图片后，选中幻灯片中的图片，即可展开"图片工具"选项卡，单击其中的"格式"选项卡，可利用其中的工具对图片进行各种处理（见图 3-2-1），如图片剪裁、套用图片样式、图片的艺术调整、颜色设置、删除背景等。

图 3-2-1　图片格式设置

2. 插入各种媒体

在 PowerPoint 2010 中，除了利用动画效果来提高幻灯片的放映感染力外，还可以利用音频、视频、第三方动画等效果文件来装饰演示文稿，制作出更有震撼力的演示文稿来。

（1）插入音频

根据演示文稿不同场景的实际需要，可以将外部音频文件轻松地添加到指定的幻灯片中。操作步骤为："插入——媒体——音频"，在"插入音频"对话框中选择相应的音频文件即可。

PowerPoint 2010 中支持 MP3、MID、WAV 、WMA 等格式的音频文件，在幻灯片中添加了音频文件后，将出现一个小喇叭的声音图标，将鼠标指向图标时，出现一个播放控制条，单击"播放"按钮，即可播放相应的音频文件，单击"暂停"按钮，暂停播放。可以在"幻灯片放映"选项卡中,通过取消"设置"组中"显示媒体控件"复选框来设置不显示该播放控制条。

插入音频后,可以修改其播放属性。另外 PowerPoint 2010 中添加了对音频进行剪裁的新功能。可以单击"剪裁音频"按钮,打开"剪裁音频"对话框,确定开始时间和结束时间后,单击"确定"按钮返回即可完成对音频文件的剪裁工作,如图 3-2-2 所示。

图 3-2-2 剪裁音频

(2)插入视频

根据演示文稿不同场景的实际需要,可以将外部视频文件轻松地添加到指定的幻灯片中。操作步骤为:"插入——媒体——视频",在"插入视频"对话框中选择相应的视频文件即可。

在 PowerPoint 2010 中,当在幻灯片中添加了视频文件后,幻灯片中将出现一个视频播放窗口,将鼠标指向窗口时,出现一个播放控制条,可用其来控制视频播放及暂停等。

选中幻灯片中的视频播放窗口,展开"视频工具"选项卡,切换到其"播放"选项卡中,利用"视频选项"组中的相关按钮来设置视频文件的相关播放属性,如图 3-2-3 所示。

图 3-2-3 视频播放属性设置

同时,PowerPoint 2010 中可以通过"视频工具/格式"选项卡选择播放窗口的起始画面,改变播放窗口的外形;在"视频工具/播放"选项卡中可以剪裁视频,为视频添加书签等。

(3)插入 Flash 动画

1)在计算机上安装 FlashPlayer

上网时,一般会在后台自动安装 FlashPlayer 等相关插件,所以此步骤可省略。

2)展开"开发工具"选项卡

在功能区上单击鼠标右键,在弹出的快捷菜单中选择"自定义功能区",如图 3-2-4 所示。

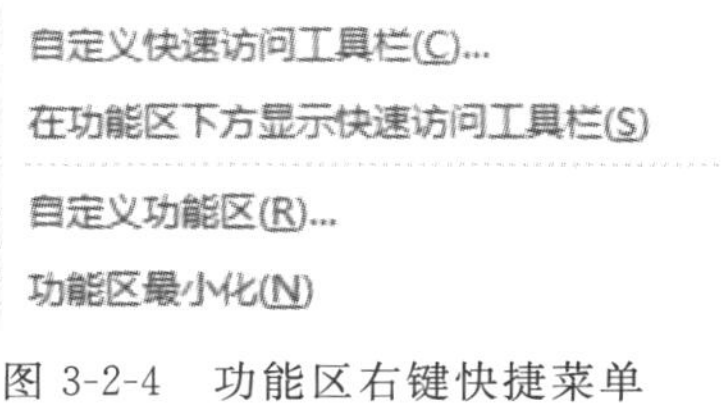

自定义快速访问工具栏(C)...

在功能区下方显示快速访问工具栏(S)

自定义功能区(R)...

功能区最小化(N)

图 3-2-4 功能区右键快捷菜单

　　随后弹出 PowerPoint 选项对话框,在其"自定义功能区"列表中勾选"主选项卡"下的"开发工具"选项,使其出现在功能区中。

　　3)添加 Flash 动画

　　定位于需要添加 Flash 动画的幻灯片中,切换到"开发工具"选项卡,单击"控件"组中的"其他控件"按钮,打开"其他控件"对话框,如图 3-2-5 所示。

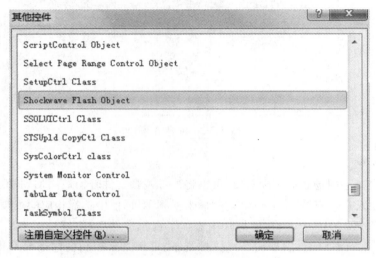

图 3-2-5　选择 Flash 控件

　　在控件列表中,选中"ShockwaveFlashObject"选项,单击"确定"按钮返回。此时鼠标成细十字线状,按住左键在幻灯片中拖拉,绘制 Flash 播放窗口,并调整大小位置。

　　选中上述播放窗口,切换到"开发工具"选项卡,单击"控件"组中的"属性"按钮,打开属性设置框,如图 3-2-6 所示。

　　在 Movie 属性项右侧文本框中输入要播放的 Flash 文件的完整路径和名称(包括扩展名".swf")。

　　说明:将 Flash 动画文件和对应的演示文稿文件保存在同一个文件夹中,这样就只需要输入文件名就可以了。插入的 Flash 动画文件并没有被嵌入到幻灯片中,因此建议将其与演示文稿同时移动。如图 3-2-7 所示是 Flash 动画的放映效果。

　　添加了 Flash 动画的演示文稿,需要将其保存为"启用宏的 PowerPoint 演示文稿"格式。

图 3-2-6 设置 Flash 动画属性

图 3-2-7 Flash 动画放映效果

3. 演示文稿的放映

（1）设置放映计时

所谓排练计时，就是通过预览演示文稿的放映效果，将每张幻灯片放映的时间记录下来，供以后自动放映幻灯片时使用。

要实现幻灯片的放映计时效果，可以使用"幻灯片放映"选项卡中的"排练计时"按钮，也可以使用"录制幻灯片演示"按钮。

无论使用何种计时功能，切换到"幻灯片放映"选项卡，选中"使用计时"选项，则演示文稿使用计时功能进行放映，不选中"使用计时"选项，则演示文稿只能通过手动进行放映。

（2）设置放映类型

在演示文稿制作完成后，切换到"幻灯片放映"选项卡，单击"设置"组中的"设置幻灯片放映"按钮,打开"设置放映方式"对话框,选择相应的放映类型。

在 PowerPoint 2010 中,共有以下 3 种放映类型供用户选择。

1)演讲者放映

这是演示文稿放映的默认类型,演示文稿由演讲者自己控制放映,这种放映类型非常灵活,演讲者可以根据演讲的具体情况,有选择地放映相应幻灯片,并能控制任何一张幻灯片的放映时间。

2)观众自行浏览

选择此类型,演示文稿将在窗口状态下放映,观众可以利用鼠标、键盘等控制幻灯片的放映过程,也可以使用计时功能,自动放映演示文稿。

3)在展台浏览

选择此类型,演示文稿将自动、循环放映。注意,在选择此类型前,一般要对演示文稿进行计时功能。

(3)放映部分幻灯片

一份演示文稿,根据观众的不同,可能需要放映其中部分不同的幻灯片,这可以分成两种情况。

1)放映部分连续的幻灯片

这也可以在"设置放映方式"对话框中来完成。选中"从 X 到 Y"选项,并调整幻灯片编号,设置完成后,单击"确定"按钮返回即可。

2)放映部分不连续的幻灯片

在"幻灯片放映"选项卡中,单击"开始放映幻灯片"组中的"自定义幻灯片放映"下拉按钮,在随后出现的下拉菜单中选择"自定义放映"选项,打开"自定义放映"对话框。

如图 3-2-8 所示,单击"新建"按钮,打开"定义自定义放映"对话框,在"幻灯片放映名称"右侧的文本框中输入一个自定义放映方案名称(如"学生");在"演示文稿中的幻灯片"下面,利用 Shift 键或 Ctrl 键,根据放映对象的需要选中多张幻灯片,然后单击"添加"按钮,将它们添加到"在自定义放映中的幻灯片"下面的列表中,如图 3-2-9 所示。

图 3-2-8　自定义放映

4.演示文稿的保存与发送

演示文稿制作完成后,通常需要到其他电脑上演示放映或者和他人共享,这时我们可以根据情况对演示文稿进行各种保存输出。

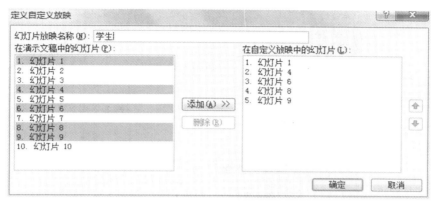

图 3-2-9　建立自定义放映方案

（1）将演示文稿打包成 CD

在"文件"菜单中单击"保存并发送"命令。在展开的列表中选择"将演示文稿打包成 CD"命令。在展开的"将演示文稿打包成 CD"界面中单击"打包成 CD"按钮，如图 3-2-10 所示。

图 3-2-10　打包成 CD 控制面板

在打开的"打包成 CD"对话框中单击"复制到文件夹"按钮，打开"复制到文件夹"对话框，输入名称与设置位置，单击"确定"按钮，如图 3-2-11 和图 3-2-12 所示。

在打开的提示框中单击"是"按钮，即开始打包演示文稿，打包完毕后，会自动打开打包文件夹。

（2）保存为视频

在 PowerPoint 2010 中，可以将演示文稿保存为视频。执行"文件——保存并发送——创建视频"，确定保存位置和文件名，保存后将演示文稿转换成 WMV 视频格式的文件，可以直接用 WindowsMediaPlayer 打开播放。

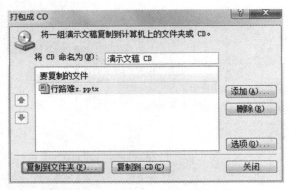

图 3-2-11　打包成 CD

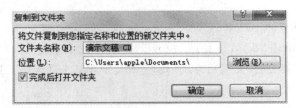

图 3-2-12　复制到文件夹

（3）将幻灯片发布到幻灯片库

　　有时候常常需要制作内容相近的幻灯片，有些幻灯片的内容需要在几个甚至是许多文稿出现，此时可以将这些常用的幻灯片发布到幻灯片库中，需要时直接调用即可。具体操作如下：

　　选择"文件——保存并发送——发布幻灯片"命令，单击右侧的"发布幻灯片"按钮，如图 3-2-13 所示。

图 3-2-13　发布幻灯片

弹出"发布幻灯片"对话框，如图 3-2-14 所示，勾选要发布的幻灯片或者全选所有幻灯片，单击"浏览"按钮，在打开的"选择幻灯片库"对话框中"我的幻灯片库"文件夹中选择文件夹或者新建文件夹，确定后返回"发布幻灯片"对话框，单击"发布"按钮发布幻灯片。

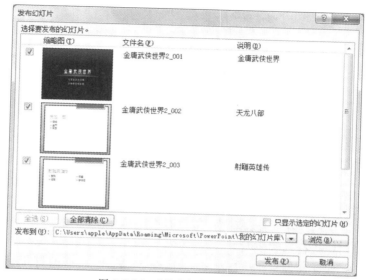

图 3-2-14　"发布幻灯片"对话框

幻灯片在发布到幻灯片库后，在需要时可以将其从幻灯片库中调出来使用，操作如下：

◇　切换到"开始"选项卡，单击"幻灯片"栏中"新建幻灯片"按钮的下半部，在弹出的下拉菜单中选择"重用幻灯片"命令，如图 3-2-15 所示，打开"重用幻灯片"任务窗格。

图 3-2-15　单击"重用幻灯片"命令

◇　在"重用幻灯片"任务窗格中单击"浏览"按钮，在弹出的下拉菜单中选择"浏览文件"命令，弹出"浏览"对话框，如图 3-2-16 所示，地址栏切换到幻灯片库所在位置，选择某张幻灯片，单击"打开"按钮。

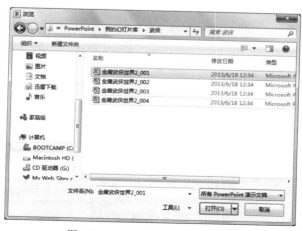

图 3-2-16　选择要重用的幻灯片

❖ 在右侧"重用幻灯片"窗格的列表中单击要重用的幻灯片,如图 3-2-17 所示,在幻灯片编辑窗口将新建一个文本内容相同的幻灯片。

图 3-2-17 单击重用的幻灯片

(4)广播幻灯片

PowerPoint 2010 增加了"广播幻灯片"功能。该功能将用户的 PPT 文档信息上传到微软服务器中,并且自动生成在线查看链接。其他用户通过此链接即可以在浏览器中快速查看用户分享的 PPT 文档。在广播过程中,用户对在本地的 PPT 的操作将直接同步到广播链接中,非常适合用户进行远程演示。

执行"文件——保存和发送——广播幻灯片"命令,展开"广播幻灯片"面板,单击"广播幻灯片"按钮,打开"广播幻灯片"对话框,单击"启动广播"按钮,打开"Windows 安全"对话框,输入用户自己的 WindowsLive ID(免费注册一个 HotMail 邮箱)和密码,单击"确定"按钮,开始准备广播。

广播准备就绪,并给出一个网址链接。可以复制该链接,通过邮件等将广播地址分发给其他用户观看,整个过程如图 3-2-18 所示。

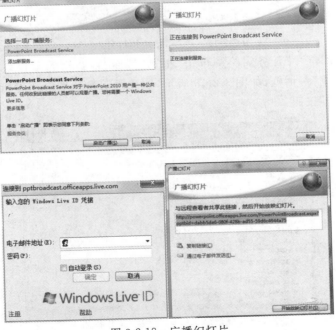

图 3-2-18 广播幻灯片

3.2.4　任务实施

1. 创建演示文稿,进行页面设置,插入各幻灯片及底图并对图片做处理

(1)打开 PowerPoint 2010,系统创建一个新的空白演示文稿,将其保存为"MTV. pptx"。

(2)切换到"设计"选项卡,单击"页面设置"组中的"页面设置"按钮(见图 3-2-19),在弹出的"页面设置"对话框(见图 3-2-20)中设置幻灯片大小为"全屏显示(16∶9)",确定后演示文稿幻灯片的宽度和高度发生了相应的改变。

图 3-2-19　单击"页面设置"按钮

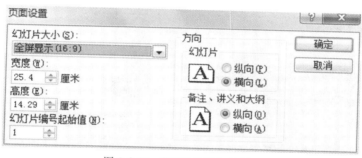

图 3-2-20　"页面设置"对话框

(3)单击首页幻灯片,选择"开始"选项卡下的"幻灯片版式"按钮将该标题幻灯片版式修改为"空白",单击"插入"选项卡,选择"图像"组中的"图片"按钮,在弹出的"插入图片"对话框中选择要插入的图片,确定。

选中图片,用鼠标拖拉其四周的小方块改变其大小位置,使其刚好充满整个幻灯片页面。切换到"图片工具"下的"格式"选项卡,单击"调整"组中的"艺术效果"按钮,在弹出的效果列表中选择"标记",如图 3-2-21 所示。

(4)切换到"开始"选项卡,单击"插入幻灯片"按钮的下半部,在弹出的幻灯片列表中选择"空白"版式,插入一张新幻灯片。在新插入的幻灯片中单击"插入——图片",插入已准备好的孙俪图片。

(5)用相同的方法插入其他幻灯片并插入图片。

最后效果如图 3-2-22 所示。

图 3-2-21　设置图片效果

图 3-2-22　"插入图片"后效果

2.添加"风吹麦浪"mp3

在左侧幻灯片缩略图中单击选择第一张幻灯片,选择"插入"选项卡下的"媒体"组中的"音频"按钮,在弹出的"插入音频"对话框中选择准备好的"风吹麦浪.mp3",此时在幻灯片中出现一个"喇叭"图标,表示音频已经成功插入。

选中插入的音频,在"音频工具"下的"播放"选项卡中,设置音频选项,将"开始"下拉列表设置为"跨幻灯片播放",勾选"放映时隐藏"复选框,如图 3-2-23 所示。

图 3-2-23　音频选项设置

3.给演示文稿添加动画效果

（1）首页幻灯片

在首页幻灯片中，单击"开始"选项卡中"绘图"组中的"文本框"图标，插入一个水平文本框，并输入文字"风吹麦浪"，设置字体为"华文行楷"，60 号字，设置"绘图工具"选项卡中"艺术字样式"为"渐变填充，黑色"。再插入一个文本框，输入文字"孙俪李健"，设置字体格式。

选中文本框"风吹麦浪"，切换到"动画"选项卡，单击"添加动画"按钮，给文本框添加进入动画"淡出"，设置动画的"持续时间"为 3.00；依旧选中文本框"风吹麦浪"，给其添加动作路径动画"向上"，在"动画"选项卡的"计时"组中设置"持续时间"为 1.00，"开始"下拉列表设置为"上一动画之后"。

用同样的方法给文本框"孙俪李健"添加进入动画"飞入"，单击"效果选项"按钮，设置其为"从左侧"。

（2）第 2 张幻灯片

在幻灯片缩略图中选中第 2 张幻灯片，添加文本框"风吹麦浪……"，设置字体格式，给其添加"强调"动画"波浪形"，单击"动画"选项卡下的"动画窗格"按钮，此时窗口左侧出现"动画窗格"，在其中选中刚添加的强调动画，右键单击，在弹出的菜单中选择"计时"命令，则会弹出"波浪形"设置对话框，设置"开始"为"上一动画之后"，"重复"设置为"直到幻灯片末尾"，如图 3-2-24 所示，确定退出。

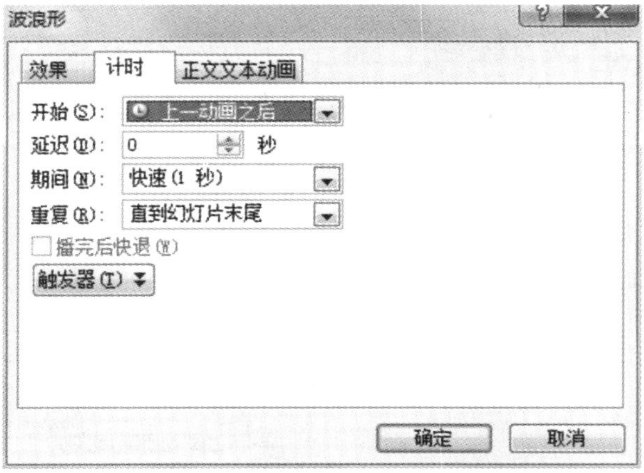

图 3-2-24　"波浪形"动画设置

添加文本框"远处蔚蓝天空下涌动着金色的麦浪"，设置字体，添加进入动画"擦除"，设置"效果选项"为"自左侧"，"持续时间"为 4.00，再对其添加退出动画"浮出"，设置效果选项为"上浮"，"持续时间"为 1.00。

同理添加其他文本框"就在那里曾是你和我爱过的地方"等，使用动画刷，复制前文本框的动画效果。（方法：选中文本框"远处蔚蓝天空下涌动着金色的麦浪"，单击"动画"选项卡下的"动画刷"按钮，再单击要复制动画的文本框即可）。可以根据歌词时间调整"持续时间"和"延迟"。

用鼠标调整这几个文本框在相同位置，使其重叠在一起，如图 3-2-25 所示。

图 3-2-25　动画效果图

（3）第 3 张幻灯片

添加文本框，设置进入动画"挥鞭式"，设置效果选项为"按段落"，根据每句的歌词时间调整动画的"持续时间"或"延迟"。

（4）第 4 张幻灯片

添加文本框，设置强调动画为"字体颜色"，在动画设置对话框中设置动画文本为"按字/词"，根据歌词调整动画的持续时间和延迟，如图 3-2-26 所示。

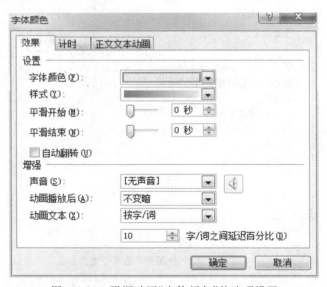

图 3-2-26　强调动画"字体颜色"的选项设置

（5）插入结束幻灯片

在第 4 张幻灯片后插入一张"标题幻灯片"，单击标题占位符，输入文字"The End"，设置进入动画为"缩放"，设置开始为"上一动画之后"。

单击副标题占位符，输入文字"Thank You!"，设置进入动画"下拉"，"开始"列表为"上一动画之后"。

单击"设计"选项卡中的背景样式，在弹出的背景样式列表中选择"设置背景格式"，如

图 3-2-27 所示，会弹出一个"设置背景样式"对话框。

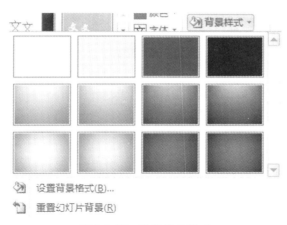

图 3-2-27　选择背景样式

如图 3-2-28 所示，设置幻灯片为"渐变填充"，类别为"射线"，方向为"从右下角"，并设置渐变光圈的颜色。

图 3-2-28　设置背景样式

4. 添加小麦视频

在幻灯片缩略图中选择最后一张幻灯片，切换到"插入"选项卡，在"媒体"组中单击"视频"按钮，在弹出的"插入视频"对话框中找到"麦浪.wmv"，插入，如图 3-2-29 所示。

此时在幻灯片中出现了视频播放窗口(黑色)，用鼠标拖拉改变其大小和位置，在"视频工具/格式"选项卡中，单击"视频样式"右下角的"其他"按钮，在弹出的样式列表中选择"柔化边缘椭圆"。

图 3-2-29 "插入视频文件"对话框

在"动画"选项卡中单击"动画窗格"按钮,展开动画窗格,在其中的"麦浪.WMV"动画上右键单击,在弹出的快捷菜单中选择"计时"命令,弹出"播放视频"对话框,设置"开始"下拉框为"与上一动画同时",如图 3-2-30 所示。

图 3-2-30 播放视频设置

最后该幻灯片界面如图 3-2-31 所示。

图 3-2-31　最末幻灯片界面效果

5.设置幻灯片切换效果

切换到"切换"选项卡,设置幻灯片的切换效果为"棋盘",单击"全部应用"。

6.排练计时

为能精确地控制歌词文字和音频同步,可以采用排练计时。

切换到"幻灯片放映"选项卡,单击"排练计时",PowerPoint 会从头开始播放幻灯片,但在屏幕左上角有一个"录制"框,如图 3-2-32 所示,可以根据音频的播放来设置是否进行下一个动画或者是否切换幻灯片。例如,当音乐播放到某句歌词时,手动单击"下一项"按钮,使该句歌词动画开始播放,依次类推。

图 3-2-32　录制对话框

按照相同的方法,为每张幻灯片设置放映时间,当最后一张幻灯片放映完毕后,会弹出一个在提示框中显示总放映时间,并询问是否保存排练时间,确认后单击"是"按钮,保存计时信息,如图 3-2-33 所示。

图 3-2-33　排练计时结束确认对话框

> **提示:**要查看每张幻灯片的放映时间,可以在应用排练计时后,自动切换到幻灯片浏览视图,其中每张幻灯片缩略图左下角显示的时间就是幻灯片的放映时间。

采用排练计时,无需考虑歌词的间隔时间,给 MTV 的制作带来了便利。排练结束后,在幻灯片浏览视图下,我们可以看到每张幻灯片下方都给出的本幻灯片的播放时间,如图 3-2-34 所示。下次进行幻灯片放映时,会自动根据保存下来的排练计时来播放幻灯片。

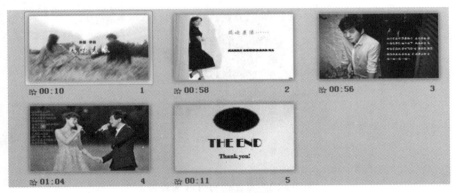

图 3-2-34　最终效果图

7. 演示文稿输出

单击"文件"菜单，选择"保存并发送"命令，在右侧的文件类型中选择"创建视频"命令，并单击右下角的"创建视频"按钮，如图 3-2-35 所示，即可开始进行视频制作。

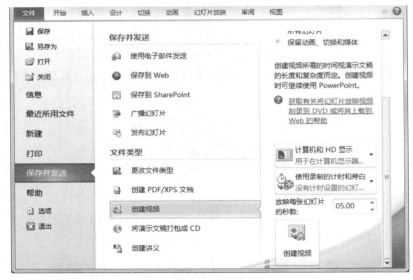

图 3-2-35　创建视频

视频制作过程中，状态栏中给出的制作的进度条如图 3-2-36 所示。

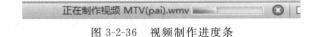

图 3-2-36　视频制作进度条

视频制作完成后，会生成一个 WMV 格式的文件，可用视频播放器打开播放。

3.2.5　任务总结

该任务中使用了一些媒体对象以及动画效果的设置，并用排练计时来进行歌词同步，操作上要求细致认真、反复比对。通过该案例，可以对 PowerPoint 的动态演示有一个更明确的认识。

第四单元

Outlook 2010 高级应用

本单元主要介绍 Microsoft Outlook 2010 邮件管理系统的主要功能与高级应用：Outlook 外观介绍；电子邮件账户管理；联系人管理；日历与任务管理；邮件合并应用；Outlook 选项管理。

本单元包含的学习任务和单元学习目标具体如下：

【学习任务】

- 任务 4.1　熟悉 Outlook 2010 邮件管理系统的配置和基本功能
- 任务 4.2　Outlook 2010 日常事务管理
- 任务 4.3　邮件合并

【学习目标】

- 熟悉 Outlook 2010 的外观与基本功能；
- 了解 Outlook 2010 的选项设置与账户管理；
- 掌握 Outlook 2010 的任务管理与邮件收发；
- 能按个性化需求设置 Outlook 2010；
- 学会在 Outlook 中使用 RSS 方式获取信息；
- 了解 Outlook 信息导入与导出；
- 掌握 Outlook 2010 邮件合并功能。

任务 4.1 熟悉 Outlook 2010 邮件管理系统的配置和基本功能

4.1.1 任务提出

电子邮件(E-mail)是互联网基本服务应用之一。电子邮件服务由专门的服务器提供，人们选择电子邮件服务商、通过注册电子邮箱后获得相关使用权。Outlook 是人们最常用的电子邮件处理软件之一。

Outlook 2010 的配置与基本功能：添加一个已注册的电子邮件账户，并导入原有的联系人；之后，创建该账户的新联系人，并将若干位联系人组建联系人组；继而，在日历中设置显示中国的节假日等个人设置；最后，为该账户的数据文件访问设置密码。

4.1.2 任务分析

Outlook 2010 是 Office 2010 的重要组件，在 Windows 7 操作系统中取消了 Outlook Express 电子邮件处理软件后，Outlook 2010 全面取代了相应的位置。Outlook 2010 不仅全面地实现了电子邮件处理功能，而且实现了管理联系人信息、记录日记、安排日程、分配任务，更好地管理时间、日程和信息。

4.1.3 相关知识与技能

1. 电子邮件(E-mail)

电子邮件是 Internet 应用最广的服务之一，电子邮件的传输是通过电子邮件简单传输协议(Simple Mail Transfer Protocol，简称 SMTP)这一系统软件来完成的。通过网络的电子邮件系统，用户可以用非常快速的方式与世界上任何一个角落的网络用户联系，这些电子邮件可以是文字、图像、声音等各种方式。

用户可以选择电子邮件服务商，如 Gmail、Hotmail、新浪、搜狐、QQ 等邮件系统，注册电子邮件账户，实现电子邮件服务。电子邮箱不仅可以实现电子邮件服务，还因为其具有大容量邮箱空间(如 Gmail 提供了近 10GB 的个人邮箱空间)，可以将电子邮箱作为免费的网络硬盘使用，将个人资料保存到邮箱空间，自由使用。

2. Outlook 2010 外观与功能

Outlook 2010 是 Microsoft Office 2010 套装软件的组件之一，相比 Outlook Express 软件而言，其界面与功能都有了巨大的改进。Outlook 2010 的功能很多，可以用它来收发电子邮件、管理联系人信息、安排日程、规划任务等事务。

(1)外观

从 Outlook 2007 开始，Microsoft 在用户界面中引入了功能区的应用，取代了传统的菜单模式，不同的命令按照逻辑进行分组，并集中在相应的选项卡下。Outlook 2010 基本界面如图 4-1-1 所示，图的上方框选的部分即为软件的功能区。另外，还可以对功能区进行自定义，根据个人需要设置自定义选项卡，以便更好地符合个性风格。

　　快速访问工具栏：在功能区的左上角，设置了快速访问工具栏。它默认提供了"收发邮件"、"撤销"以及程序快捷工具栏等功能，不受功能区选项卡切换的影响，为用户提供最常用的快捷命令。

　　（2）常用功能

　　1）电子邮件账户管理

　　可以在 Outlook 2010 中配置多个电子邮件账户，并可以通过"账户设置"功能，对不同的邮件账户设置独立的访问密码，确保在一个 Outlook 2010 软件中为多人提供应用，便于在公共计算机上使用 Outlook 软件。

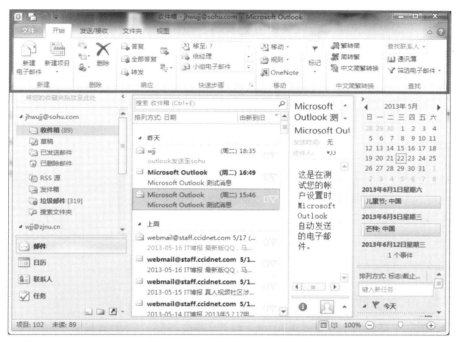

图 4-1-1　Outlook 2010 功能区

　　2）电子邮件收发与查阅

　　Outlook 2010 不仅高效地实现了电子邮件的收发管理，还支持账户内邮件的搜索功能，为快速查阅邮件提供了可靠的支持。

　　3）联系人

　　可以为不同的账户创建相应的联系人。"联系人"包含了全面的信息资料：姓名、单位、头像图片、地址、电话、电子邮件、便签等，是普通的通讯录无法比拟的。

　　4）日历与任务

　　日历与任务为 Outlook 用户提供了事务日程管理。日历以时间表的方式，记录了用户的各项日程安排。任务以清单的方式，编制、展现了用户在某个阶段需要完成的事务安排。

　　5）RSS 订阅

　　在 Outlook 2010 中，用户不仅可以通过预订得到大量免费的新闻、专题邮件，还可以通过 RSS（Really Simple Syndication，易信息聚合）订阅获取更多的信息搜索。

6）Microsoft Office Backstage 视图

点击 Outlook 2010 软件功能区的"文件"选项卡，展现出 Microsoft Office Backstage 视图。Outlook 2010 的软件选项设置、账户设置、自定义功能区、导入导出联系人等功能，通过此界面完成，如图 4-1-2 所示。

图 4-1-2　Outlook 2010 Backstage 视图

4.1.4　任务实施

根据已有电子邮件账户，配置 Outlook 账户，并按需要进行个人设置。基本要求如下。

✧　邮件账户：使用搜狐邮件服务，账户为 jhwujj@sohu.com，使用 POP/SMTP 服务收发电子邮件。

✧　导入已有联系人：当前用户的已有联系人需要导入，文件名为"我的通讯录.xls"。

✧　新建联系人与联系人组。

✧　在日历中设置显示中国的节假日。

✧　为访问指定账户"jhwujj@sohu.com"的数据文件设置密码。

1. 添加电子邮件账户

（1）启动"添加新账户"向导

点击 Outlook 2010 的"文件"选项卡，选择"信息——添加账户"，打开"添加新账户"向导。如图 4-1-3 所示，选择"电子邮件账户"，点击"下一步"，开始创建账户。

（2）电子邮件账户设置

按向导提示，进入电子邮件账户设置，如图 4-1-4 所示。

◇ 您的姓名:填入个人姓名,与电子邮件账户注册时的信息无关。此例填写"AOA"。

◇ 电子邮件地址:按已注册的电子邮件账户信息填入。此例必须填写"jhwujj@so-hu. com"。

◇ 账户类型:按默认选择"POP3"。

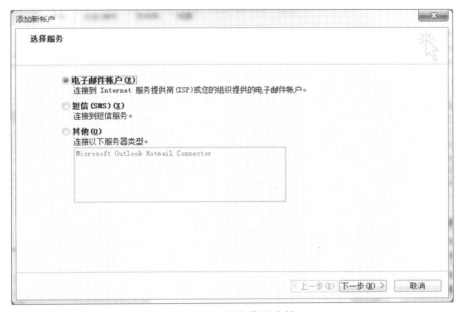

图 4-1-3　账户类型选择

图 4-1-4　账户属性设置

◇ 接收邮件服务器:按已注册的电子邮件账户的服务提供商相关信息填写。此例填写"pop. sohu. com"。

◇　发送邮件服务器:按已注册的电子邮件账户的服务提供商相关信息填写。此例填写"smtp.sohu.com"。

◇　用户名和密码:按已注册的电子邮件账户信息填写。

◇　注意:在没有电子邮件服务提供商的特殊要求时,不要勾选"要求使用安全密码验证(SPA)进行登录"。

（3）其他设置

一般地,在完成上述操作后,还需点击"其他设置",完善相关设置要求,确保邮件账户的正常收发。打开"其他设置"后,如图 4-1-5 所示,设置如下。

图 4-1-5　邮件账户的服务器设置

◇　发送服务器:大部分的电子邮件设置都需要勾选"我的发送服务器(SMTP)要求验证"。此例勾选该复选框。

◇　高级:按用户需要,考虑是否勾选"在服务器上保留邮件的副本"。一般地,如果电子邮件账户使用是免费的,邮件在服务器上的保存不需额外支付费用时,建议勾选该选项,以确保重要邮件不会因接收而删除。本例选择勾选该复选框。

◇　注意:还可以按电子邮件服务商的要求,对特殊指定服务器端口号的行为进行设置。此例按默认设置即可。

完成"其他设置"后,回到"电子邮件设置"主界面,进行后续设置。

（4）测试账户设置

在"电子邮件设置"主界面,单击"下一步"按钮,进行账户设置测试。如图 4-1-6 所示,当账户信息配置正确时,显示接受和发送邮件测试均为"已完成"。点击"关闭"按钮,完成该电子邮件账户的添加过程。

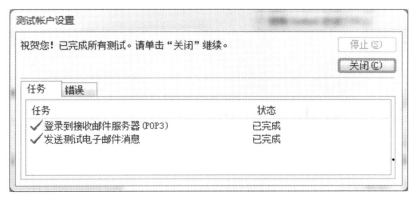

图 4-1-6　账户测试

2.导入联系人

许多用户都拥有大量的已有联系人(包括手机电话簿),Outlook 2010 支持将已有联系人通过文件导入的方式,成批导入。本例中,假设已有联系人保存在 Excel 工作簿中,文件名为"我的通讯录.xls"。

(1)打开导入联系人向导

在 Outlook 2010 的"文件"选项卡中,点击"选项"按钮,如图 4-1-7 所示。

图 4-1-7　Outlook 选项

在"Outlook 选项"中,在左侧导航中选择"高级",在右侧界面中点击"导出"按钮,打开导入和导出向导,如图 4-1-8 所示。

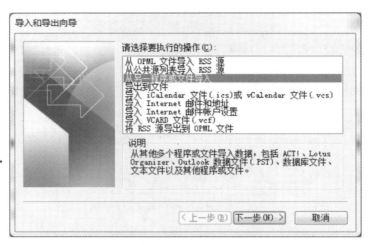

图 4-1-8　Outlook 导入与导出向导

◇　注意：在 Outlook 2010 中，导入和导出都使用"导出"按钮，之后再选择相关功能。

（2）使用向导，导入已有联系人

在"导入和导出向导"中，选择"从另一程序或文件导入"，单击"下一步"按钮；再选择文件类型为"Microsoft Excel 97－2003"，单击"下一步"按钮；继续选择导入文件，本例为"我的通讯录.xls"；之后，选择目标文件夹（指定账户的联系人文件夹），按界面提示即可完成。

联系人的导入与导出功能，大大增强了 Outlook 2010 与其他通信软件的协作功能，便于用户将联系人在不同的计算机之间交换，也可用于智能手机与计算机之间的联系人信息交换。

3. 新建联系人与联系人组

完成电子邮件账户的添加，并导入原有联系人后，可以根据需要新建联系人和联系人组。

（1）新建联系人

点击 Outlook 2010 的"开始"选项卡，选择"新建联系人"，打开"添加新账户"界面，如图 4-1-9 所示。假设联系人姓名为"张三"，电子邮件账户为"shangwu032@gmail.com"，并添加头像图片。完成设置后，点击"保存并关闭"，完成当前联系人的创建。

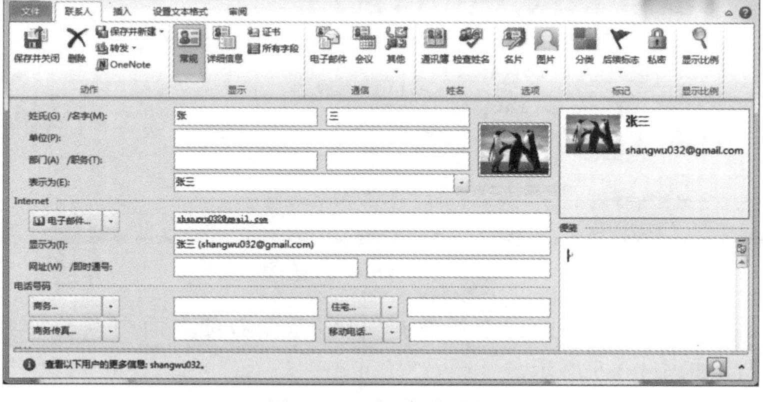

图 4-1-9　新建联系人

新建联系人后,在"jhwujj@sohu.com"账户中添加了上述联系人"张三",如图 4-1-10 所示,图中以名片的方式显示了该联系人信息。

图 4-1-10 联系人视图

(2)新建联系人组

按需要,可以建立联系人组。比如,将自己的亲人可以创建一个家庭组,把在同一个社团活动的同学创建一个联系人组。这样,为发送一些群体性的消息带来方便,如发送一个社团活动通知,既快捷又不易发生差错。

单击击 Outlook 2010 的"开始"选项卡,选择"新建联系人组",打开"添加新账户"界面,如图 4-1-11 所示。假设联系人组的名称为"AOA 联系人小组",在图 4-1-11 的"名称"位置中输入。

图 4-1-11 创建联系人组

然后,在图 4-1-11 中单击"添加成员",弹出"选择成员"界面,如图 4-1-12 所示。按需要,选择若干位联系人添加为该组成员,单击"确定"完成。

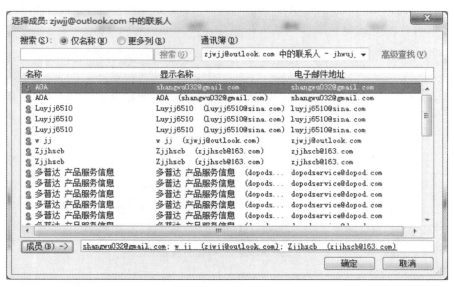

图 4-1-12　选择联系人

这样,在当前账户的联系人中,增加了联系人组——"AOA 联系人小组",如图 4-1-13 所示。

> **注意:** 在 Outlook 中,如果已创建了多个电子邮件账户,则需要区分当前添加的新联系人或联系人组是属于哪个邮件账户的;否则,容易为联系人管理带来混乱。比如,笔者的"jhwujj@sohu.com"账户有 10 个联系人,而"wjj@zjnu.com"账户有 724 个联系人。特别是某个账户数据文件实施加密保护后,它的联系人也是受保护的。

图 4-1-13　联系人组创建完成

如果需要对联系人组进行群发邮件,就可以双击在图 4-1-13 中所示的联系人组名片,打开联系人组,如图 4-1-14 所示;再单击功能区的"电子邮件"按钮,即可打开撰写邮件的界面,实现向联系人组群发邮件的功能。

图 4-1-14 联系人组的应用界面

4. 在日历中设置显示中国的节假日

在 Outlook 2010 中,提供了完整的日历功能。它不仅能提供日期、星期等信息,还能够添加自定义国家的节日信息。添加中国的节假日后,日历中能显示中国特有的节假日,如图 4-1-15 所示,它便于我们安排学习和工作。其设置过程如下。

图 4-1-15 带有中国节假日的日历

(1)在 Outlook 2010 功能区,切换至"文件"选项卡,选择"选项"命令,打开"Outlook 选项"窗体;

(2)在"Outlook 选项"窗体的左侧导航区,单击"日历",显示如图 4-1-16 所示;

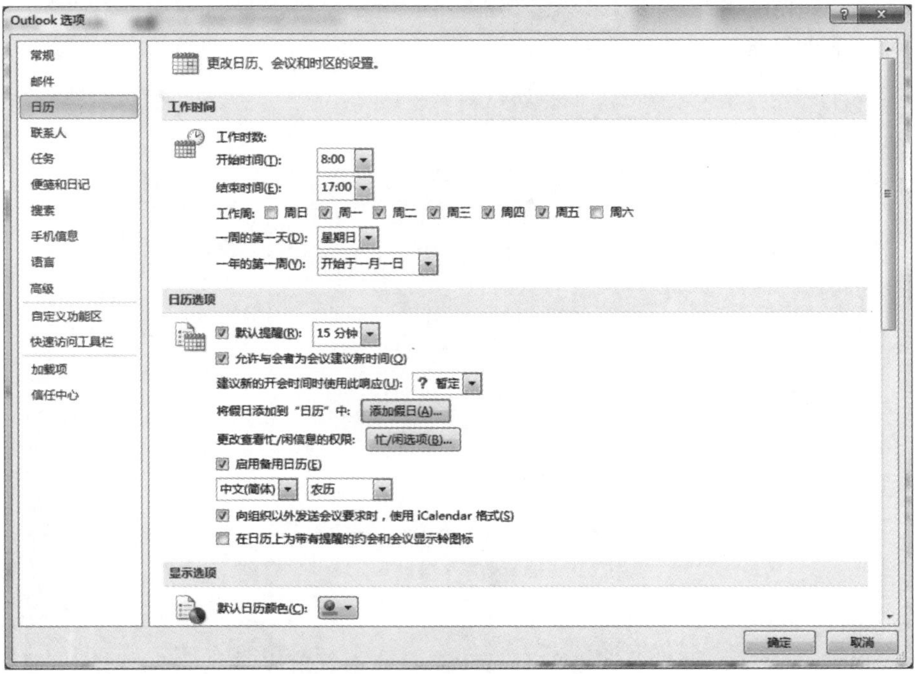

图 4-1-16   Outlook 选项

(3)在图 4-1-16 所示的"日历选项"中,单击"添加假日…"按钮,弹出如图 4-1-17 所示窗体;选择"中国",单击相关确定按钮后,即完成了将我国假日添加到日历中的过程。

图 4-1-17   选择假日的所属国家

5.为访问指定账户的数据文件设置密码

Outlook 2010 为用户提供了多个电子邮件账户的管理功能,也提供了多用户的管理功能。当某台计算机上的 Outlook 2010 的多个电子邮件账户不属于同一个人时,可以使用账户数据文件密码功能进行相关账户的个人信息保护。账户数据文件密码不同于电子邮件账户的登录密码,当多人使用 Outlook 2010 时,对没有输入正确的账户数据文件密码时,该账户的电子邮件等资料无法被别人查看,较好地实现了多用户使用的管理功能。

以上文中创建的账户"jhwujj@sohu.com"为例,为该账户访问设置数据文件密码,过程如下。

(1)在 Outlook 2010 功能区,切换至"文件"选项卡,选择"信息"命令,单击打开"账户设置"窗体;

(2)在"账户设置"窗体中,选择"数据文件"选项卡,显示如图 4-1-18 所示;

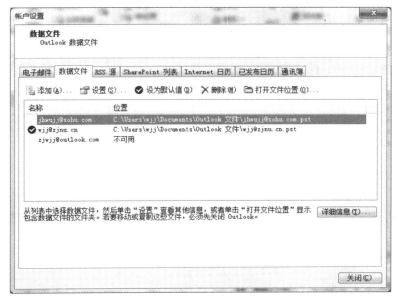

图 4-1-18　账户的数据文件管理

(3)在图 4-1-18 中,选择指定账户"jhwujj@sohu.com",并单击"设置"按钮,打开"Outlook 数据文件"窗体,如图 4-1-19 所示;然后,单击"更改密码",即可在相应的对话框中设置数据文件密码。

图 4-1-19　数据文件的密码管理

之后,当再次启动 Outlook 2010 软件时,会提示相关账户的密码输入。若未能正确输入该账户的密码,则无法查看该账户的邮件、联系人等相关信息,起到了多用户的信息保护作用。

> **提示**：如图 4-1-19 所示，可以将"Outlook 数据文件"进行保存备份，此账户相关的邮件、联系人等信息可以得到备份保护。

4.1.5 任务总结

与常见的使用 Web 在线的电子邮件系统相比，Outlook 2010 软件提供了更具特色的功能，丰富的管理功能为个性化设置提供了广泛应用。Outlook 2010 不仅将邮件下载到本地，便于实现更多的管理应用，而且通过账户数据文件密码功能，实现了多用户、多账户的功能应用。

任务 4.2　Outlook 2010 日常事务管理

4.2.1　任务提出

Outlook 2010 不仅实现了多账户的电子邮件收发管理,还可以通过日历、任务等功能,实现日常事务日程的管理,是一个日程信息管理中心。以创建一个个性化的课程表为例,来学习 Outlook 2010 的日常事务管理;切换用户,尝试使用"搜索"功能,快速查阅邮件、联系人、日历等相关信息;最后,根据指定信息搜索符合条件的邮件,并对其发送邮件答复。

4.2.2　任务分析

Outlook 2010 能实现高效地处理邮件,可以轻松地分类对话,可以查看整个会话过程(包括答复)。每个账户都可以创建属于自己的日历和任务,按时间定制的日历表,可以规划个人的工作与学习计划,便于日程信息管理。

在 Outlook 2010 中,可以使用条件(如发件人、主题关键字以及是否包含附件等其他信息)更容易地缩小搜索结果的范围。"搜索工具"上下文选项卡包括一组筛选器,可高效地集中搜索以找出所需的项目,并对其做出相应答复。

4.2.3　相关知识与技能

1. 日历

在任务 4.1 中,对日历添加了中国假日,使日历的查看内容更丰富了,但日历的功能不只限于日期查看。在 Outlook 中,日历可以以时间为主线,日历可以有一系列的约会安排,规划各项事务。当约会时刻到达前,日历会起到相关的提醒功能,确保约会按时执行。

(1)新建约会

在 Outlook 2010 中,选择左侧导航切换至"日历"视图;在上方功能区的"开始"选项卡中,可以切换以"天/工作周/周/月"等方式显示日历布局;在功能区单击"新建约会",可以打开新建约会的窗体,如图 4-2-1 所示。

在此窗体中,输入约会的"主题"、"地点"、"主要内容"、"开始时间"、"结束时间"等基本信息。

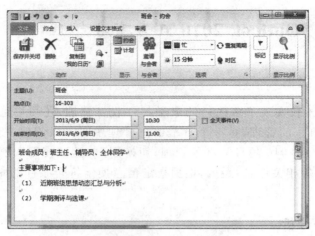

图 4-2-1　新建约会

(2)提醒设置

在日历表中,可以为每个约会指定"提醒"方式(注:也可以在新建约会中指定)。选择某个约会,可以设置提醒:选择"无/0 分钟/5 分钟/10 分钟/……"其中的某个值,为约会设置提前的提醒。设置提醒时间后,按设置的提前时间,对相关约会发出提醒。同时,提醒设置可以选择播放自己喜爱的声音,如图 4-2-2 所示。

图 4-2-2　设置提醒声音

> **注意**:在当前的 Outlook 2010 中,提醒播放的声音文件仅支持"＊.wav"文件。如需要使用 MP3 等格式的音频文件,需要将其转换为 wav 格式。"千千静听"软件即有此格式转换功能,操作简单。

(3)重复周期

对于日历表中的约会,重复周期可以按需要进行指定。对于一次性的约会安排,不需要设置重复,而对于类似课程表的日历安排,则需要选择重复。

选择日历中的某次约会,点击 Outlook 功能区的"日历工具"选项卡,单击"重复周期",打开"约会周期"设置,如图 4-2-3 所示。

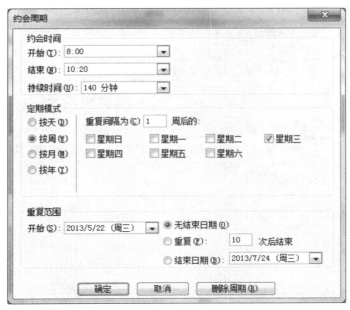

图 4-2-3　约会周期设置

2.任务

与日历不同,任务是以事务的完成进度为基础,规划某一事务在指定的时间段内完成。在 Outlook 2010 左侧导航区,选择"任务",软件切换到任务视图,如图 4-2-4 所示。

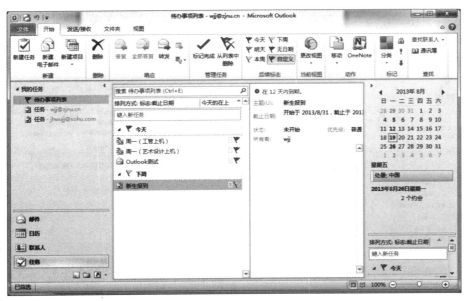

图 4-2-4　任务视图

单击功能区的"开始"选项卡,单击"新建任务",可以为当前账户添加任务安排,如图 4-2-5所示。与日历相似,在任务中,也可以设置"提醒"、选择"重复周期"等。

图 4-2-5　新建任务

3. RSS 源

RSS(Really Simple Syndication,真正简单的整合)是一种描述和同步网站内容的格式,是内容发布者将新闻、博客或其他内容提供给订阅者的一种方法。Outlook 2010 订阅 RSS 源快速而简单,不需要注册,免费使用。在订阅 RSS 源之后,源的标题就会显示在相关账户的 RSS 文件夹中。RSS 项看起来与邮件类似,只需单击或者打开该项即可。

在 Outlook 2010 左侧导航区选择"邮件"、打开"RSS 源"文件夹,即可查看当前账户预设的 RSS 信息,如图 4-2-6 所示。

图 4-2-6　RSS 信息的阅读

需要新增"RSS 源"时，右击"RSS 源"，在弹出的快捷菜单中，选择"添加新 RSS 源"、在打开的"新建 RSS 源"对话框中输入 RSS 源的地址，单击"添加"按钮即可，如图 4-2-7 所示。

图 4-2-7　添加 RSS 源

试一试：输入一个 RSS 源地址，如"http：//www.guokr.com/rss/"，它是"果壳网"的 RSS 源，果壳网是一个带有社会化网络属性的泛科技主题网站；按相关提示确认后，即可像阅读邮件那样查看该 RSS 源的信息。

4. 搜索

Outlook 2010 的搜索功能可以说是无处不在。无论是邮件、日历、联系人、任务等视图下，都预设了搜索的入口，点击"搜索"入口，Outlook 立即切换到搜索状态，功能区的"搜索"选项卡激活，如图 4-2-8 所示。

图 4-2-8　邮件搜索

在邮件视图状态时，在搜索栏中输入关键字，如"毕业"，Outlook 立即会搜索相关账户的邮件，筛选出所有带有关键字的邮件，并对关键字高亮方式显示，便于用户阅读查看。

4.2.4　任务实施

根据"任务 1"中创建的邮件账户"jhwujj@sohu.com"，实施本任务操作。基本要求：

◇　创建课程表。

◇ 邮件搜索的实现。

◇ 邮件答复。

1. 创建课程表

沿用任务 4.1 中创建的邮件账户"jhwujj@sohu.com",选择该账户后,在 Outlook 左侧导航区选择"日历"、切换至日历视图,开始创建课程表。

(1)添加课程

◇ 切换为"工作周":单击 Outlook 2010 功能区的"开始"选项卡,选择"工作周",将日历表以周一到周五的进度显示。

◇ 添加课程:单击"开始"选项卡的"新建约会",输入当前课程的名称、地点、时间、内容等信息,如图 4-2-9 所示。

图 4-2-9　添加课表内容

◇ 继续添加课程表内容:重复上述操作,加入全部课程。

(2)设置提醒

可以将每次课程的提醒时间设置为"15 分钟",确保该课程在上课前 15 分钟能启动声音等方式提醒用户。

(3)指定重复周期

对课程表而言,是需要每周重复的。可以选择课程表中的课程(约会),在"日历工具"选项卡下,选择"重复周期",按课程表的需要设置。

完成后的课程表如图 4-2-10 所示,设置的提醒功能会及时为用户服务。

> **试一试**:在普通计算机上的 Outlook 日历设置,可以同步到智能手机的 Outlook 软件中。在手机中显示课程表的提醒,更便于学习安排。

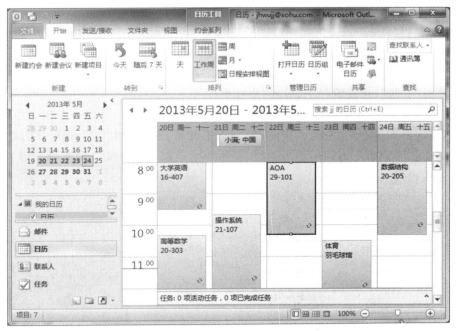

图 4-2-10　基于日历的课程表

2.邮件搜索

按任务要求,切换一个电子邮件账户;然后,在该邮件账户中,按关键字搜索邮件。

(1)切换电子邮件账户

在 Outlook 2010 左侧导航区,根据现有的电子邮件账户,单击需要切换的电子邮件账户,即可转到该账户下,相关的邮件、日历、联系人、任务都将被切换。如图 4-2-11 所示,假设将账户从"jhwujj@sohu.com"切换为"wjj@zjnu.cn"。

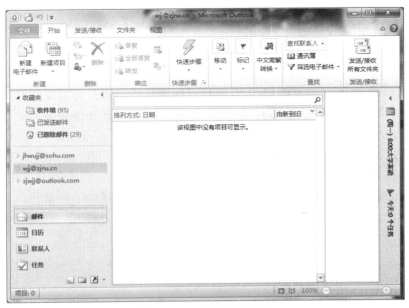

图 4-2-11　切换邮件账户

（2）搜索

假设在当前邮件账户下，在收件箱中搜索带有"毕业设计"关键字的邮件，并且要求带有附件。

如图 4-2-12 所示，点击"搜索"栏，激活"搜索工具"，操作如下：

✧ 单击"主题"：在搜索栏中，输入"毕业设计"；

✧ 单击"有附件"。

此时，输入栏的内容为"主题：(毕业设计) 带有附件：是"，搜索结果如图 4-2-12 所示，在右下角的状态栏中列出了搜索结果为 8 项，即从该账户收件箱的 212 个邮件中搜索出了符合条件的 8 个邮件。

图 4-2-12　根据条件搜索邮件

3.邮件答复

从搜索结果中，查找到需要的邮件，双击打开阅读邮件。需要答复邮件时，在当前阅读的邮件功能区，单击"邮件"选项卡，选择单击"答复"功能，打开邮件答复界面，如图 4-2-13 所示。

✧ 插入附件：在邮件答复界面，选择"邮件——附加文件"，在"插入文件"向导中，选择需要添加的附件进行确认即可。

✧ 插入表格、插图、符号等对象：在 Outlook 中，为邮件提供了丰富的内容对象，在邮件答复界面切换至"插入"选项卡，可以像 Word 那样，插入表格、插图、符号等对象进行编辑。

图 4-2-13　邮件答复

> **注意**：插入附件时，建议将附件压缩为".RAR"或".ZIP"等压缩文件。这样，既可以避免被某些邮件服务器拒绝收发（如".EXE"文件容易被拒），又因为压缩了附件，使之尺寸更小、收发更快。

4.2.5　任务总结

Outlook 2010 的邮件管理，结合了全面的即时搜索功能，使之更为高效。邮件编辑中的丰富功能，类似于 Office 文档的编辑方式，是一般的 Web 邮件系统不具备的功能。日历和任务的编排应用，RSS 源的引用，也让 Outlook 成为了个人信息管理中心。

任务 4.3　邮件合并

4.3.1　任务提出

在商务应用领域,一个公司可能拥有大量的客户联系人。当公司举办大型活动时,会采用电子邮件进行客户联系。希望采用一种高效、得体的邮件方式,向每个用户同时发送电子邮件;同时,要求不会在邮件的收件人信息中透露他人的电子邮件地址。

4.3.2　任务分析

在普通应用中,公司的相关工作人员可能会使用群发电子邮件的方式,向客户同时发送电子邮件。在便捷的同时,带来了这样两个问题:一是群发邮件时,收件人地址中包含了全体收件人的电子邮件地址,可能会泄露用户的个人隐私;二是群发的邮件,使用的收信人称谓是相同的,在某些方面显得不够尊重收件人。

Outlook 2010 采用了邮件合并方式,较好地解决了上述问题,同时又能像群发邮件那样高效运行。

4.3.3　相关知识与技能

1. 群发邮件

在 Outlook 2010 中进行邮件群发的过程很简单。参考任务 4.1 中创建的电子邮件账户和联系人组,选定某个联系人组,即可为该联系人组创建一个群发邮件;发送后,该联系人组的各成员将收到一封相同内容的邮件。

(1)选择邮件账户和联系人组

◇　选择邮件账户:在 Outlook 左侧导航区,选择邮件账户,如任务 4.1 中创建的"jh-wujj@sohu. com";

◇　选择联系人组:在该账户下,切换至"联系人"视图,在搜索栏输入"aoa"字样,Outlook 即为我们选出了"AOA 联系人小组"联系人组。

如图 4-3-1 所示。

(2)创建群发邮件

在图 4-3-1 中,双击"AOA 联系人小组",弹出"联系人组"界面;单击其"联系人组——电子邮件",即打开邮件界面,如图 4-3-2 所示。

按 Outlook 提供的邮件编辑工具,可以为邮件提供丰富的编辑元素。完成后,单击"发送"按钮,即完成群发邮件的任务。

图 4-3-1　搜索联系人

图 4-3-2　创建群发邮件

（3）接收邮件查看

为了更全面地查看群发邮件的接收效果,此处按上述联系人中的一位成员以 Web 方式登录邮箱,查看群发邮件接收。

如图 4-3-3 所示,该成员"zjwjj@outlook.com"使用 IE 浏览器登录邮箱后,查看上述的群发邮件,发现内容保持一致,但在邮件的"收件人"栏中,可以看到该邮件的全体成员信息。

图 4-3-3　使用 Web 方式查看群发邮件的接收

群发邮件虽然便捷，但让收信人感觉到邮件不是一对一，而是一对多，并且收件人的隐私没得到保护。这是需要根据发邮件的场合认真考虑的。

2. 邮件合并

考虑到群发邮件的不足之处，需要一种更周到的邮件发送方式。Outlook 为我们提供了邮件合并功能。

邮件合并可以将邮件正文的主要内容（不包含问候语），合并与收件人相关的联系信息（联系人邮件地址、带联系人称谓的问候语等），批量生成"一对一"样式的邮件，并自动发送。邮件合并生成的每一份邮件的收件人都是单独的，邮件正文的问候语由该收件人称谓组成，它较好地解决了群发邮件的不足之处。

4.3.4　任务实施

启用 Outlook 邮件合并功能，对多位用户实施邮件合并功能发送电子邮件，使各位收件人在邮件中查看的邮件内容是独立的。邮件合并任务的基本要求：

◇　收件人独立。
◇　问候语独立：如给"张三"的问候语，为"亲爱的张三："。
◇　邮件内容和署名相同。

1. 启动邮件合并

（1）选择收件人

在 Outlook 联系人视图下，选择本次邮件合并任务的全体收件人，如图 4-3-4 所示。

图 4-3-4　选择多个联系人

2.完成邮件合并

在自动启动 Word 软件后,邮件合并的主要操作在此完成,如图 4-3-5 所示。

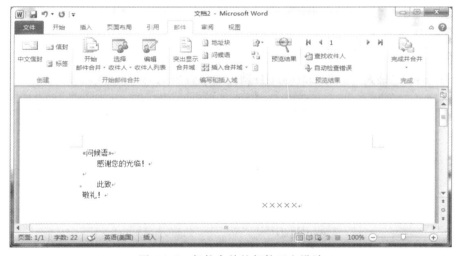

图 4-3-5　邮件合并的邮件正文设计

(1)问候语

为了在收件人查看邮件时,查看到专指的问候语,单击"邮件——问候语",设置问候语的格式,如图 4-3-6 所示。

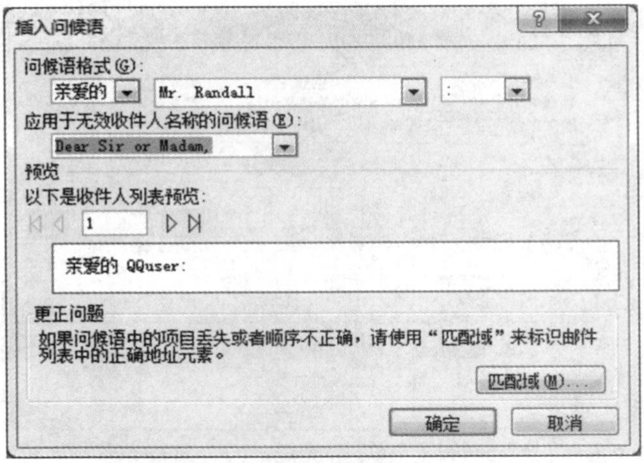

图 4-3-6　问候语设置

问候语格式：可以设置为"尊敬的×××："、"亲爱的×××："等。本例在问候语下拉框中输入"亲爱的"字样，并在其符号的下拉框中设置为"："；可以在预览中查看到"亲爱的QQuser："。单击"确定"按钮完成。

> **注意**：在邮件合并中，"《问候语》"是 Word 中的一个域，它自动将不同的联系人与指定的问候语进行组合，确保生成"一对一"效果的问候语。

（2）完成邮件合并

选择"邮件——完成并合并——发送到电子邮件"，弹出合并到电子邮件的确认窗体，选择"全部"，单击"确定"按钮，Outlook 自动完成邮件发送，如图 4-3-7 所示。

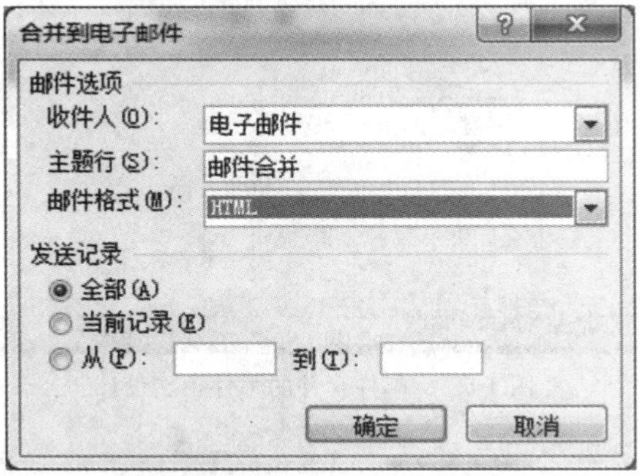

图 4-3-7　确定邮件合并发送

3. 收件人查收邮件

为了确认邮件合并功能的实际情况，以当前邮件合并联系人之一"QQuser"登录邮箱接收查看邮件。使用 IE 浏览器打开"QQuser"的收件箱，如图 4-3-8 所示。该邮件的"收件人"信息是单独的，"问候语"也是专指的，克服了群发邮件的不足，完整地实现了预期目标。

图 4-3-8　查看用户收取的邮件

4.3.5　任务总结

在需要对大量联系人进行相同内容的邮件发送时，Outlook 2010 软件的群发邮件和邮件合并是主要的实现手段。群发邮件可能有隐私泄露、不够尊重联系人之嫌，邮件合并则改进了这个问题。同时，在 Outlook 中启用邮件合并，也是对 Word 邮件合并功能的一个完整应用。

第五单元

VBA 与 VSTO

随着 Office 应用的不断发展,各行业对 Office 的特定需求也不断增加,用户希望能按自身需求定制相关的应用。VBA(Visual Basic for Applications)与 VSTO(Visual Studio Tools for Office)正是实现 Office 二次开发的主流模式。

本单元主要介绍宏的相关概念、MicrosoftOffice 2010 的内置编程语言 VBA 与 Office 二次开发 VSTO 的基本功能与应用。主要包括:录制宏,实现宏的基本应用;VBA 的基本应用;VSTO 开发环境;VSTO 项目的基本设计与应用。

本单元包含的学习任务和单元学习目标具体如下:

【学习任务】

• 任务 5.1　了解 Office 2010 宏的基本应用
• 任务 5.2　了解 VBA 语言,使用 VBA 编辑宏
• 任务 5.3　创建 VSTO 项目,实现 Word 文档项目的二次开发

【学习目标】

• 会使用 Office 2010 记录宏,并将宏添加到快速访问工具栏按钮,能创建宏的快捷键,实现宏在文档中的应用;
• 了解 VBA 语言的基本特点,熟悉 Office 软件的 VBA 编辑器;
• 掌握 VBA 对宏的基本编辑与应用;
• 会搭建 VSTO 基本开发环境,了解其基本功能;
• 熟悉 Office 对象模型;
• 会使用 VSTO 简单编程,实现 Word 文档项目的基本功能开发与应用。

任务 5.1　了解 Office 2010 宏的基本应用

5.1.1　任务提出

Office 宏,可以为 Office 文档提供自动化功能。宏可以由用户在 Office 文档中录制,并可为其指定快捷键,也可以将宏指定给按钮等对象。

分别在 Word、Excel 等 Office 2010 文档中,录制基本的宏,并为宏创建快捷键和按钮,实现宏的基本应用。

5.1.2　任务分析

Microsoft Office 支持用户为一些操作进行组合、录制为宏,通过一次单击或快捷键就可以实现自动重复操作。根据 Office 文档的需要,创建适当的宏,提高了文档的操作效率,减少了操作失误。

5.1.3　相关知识与技能

1. 什么是宏

宏是一组定制的操作,它可以是一段程序代码,也可以是一连串的指令集合。宏可以使频繁执行的动作自动化,节省时间,提高工作效率,又能减少失误。

宏可自动执行经常使用的任务,从而节省键击和鼠标操作的时间。但是,某些宏可能会引发潜在的安全风险。具有恶意企图的人员可以在文件中引入破坏性的宏,从而在计算机或网络中传播病毒。该类恶意代码也称为宏病毒。

在 Office 软件中,可以由用户指定是否允许运行宏,以确定当前计算机 Office 文档的安全级别。

2. 录制宏

对于需要经常重复执行的一系列任务,可以把执行这些任务的步骤录制在指定的宏里,单击对应的宏(按钮或快捷方式)即可执行相应的任务。下面,以 Word 2010 软件为例,说明录制宏的基本方法。

在 Word 2010 功能区中,选择"视图——宏——录制宏",打开"录制宏"的窗体,按需要进行宏的录制,如图 5-1-1 所示。

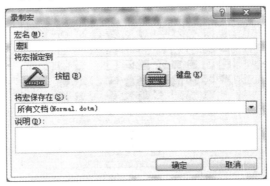

图 5-1-1　录制宏的向导

（1）设置"宏名"

如图 5-1-1 所示，为即将录制的宏指定宏名，便于后期的使用和管理。默认的第一个宏名为"宏 1"。

（2）将宏指定到按钮

如图 5-1-1 所示，单击将宏指定为按钮；软件打开"Word 选项"，由用户自定义"快速访问工具栏"，如图 5-1-2 所示。"宏 1"在软件中的按钮被命名为"Normal. NewMacros. 宏 1"。

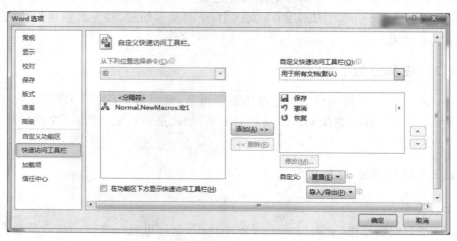

图 5-1-2　在快速访问工具栏中添加宏按钮

◇　设置宏按钮的应用范围：在"自定义快速访问工具栏"下的下拉框中，可以选择"用于所有文档（默认）"，或"用于文档 2"（假设当前录制宏的文档为"文档 2"）。

◇　添加宏按钮：在"Word 选项"中，选择"Normal. NewMacros. 宏 1"，单击"添加"按钮，当前的宏按钮被添加到"自定义快速访问工具栏"。

◇　设置宏按钮的图标：在"Word 选项"右侧的列表中，选择刚才添加的"Normal. NewMacros. 宏 1"按钮，并单击"修改"按钮，可以为该宏按钮设置一个适合的图标，以便于使用。如图 5-1-3 所示，图例中选择"笑脸"为本宏按钮的图标。

图 5-1-3　选择宏按钮的图标

完成后，"宏 1"按钮被添加到 Word 的"快速访问工具栏"中，与常见的保存、撤销等按钮排列在一起，如图 5-1-4 所示，图中的笑脸图标即为"宏 1"按钮。

图 5-1-4　完成宏按钮添加后的快速访问工具栏

（2）将宏指定到键盘

将宏指定到键盘，即相当于为当前的宏指定快捷键，以快捷键的方式调用该宏。在图 5-1-1 的"录制宏"界面中，单击"键盘"，打开为宏指定快捷键的设定界面，如图 5-1-5 所示。假设当前的宏名为"宏 2"。

◇　设置宏快捷键的键盘按键：将光标定位到"请按新快捷键"下的文本框中，同时按下键盘的"Ctrl"和"M"键；在该文本框中显示"Ctrl＋M"；单击"指定"按钮，将该快捷键指定为"宏 2"的快捷键。

◇　设置宏快捷键的应用范围：在"将更改保存在"右侧的下拉框中，可以选择"Normal.dotm"，或"文档 2"（假设当前录制宏的文档为"文档 2"）。这样，可以指定"宏 2"的应用范围。

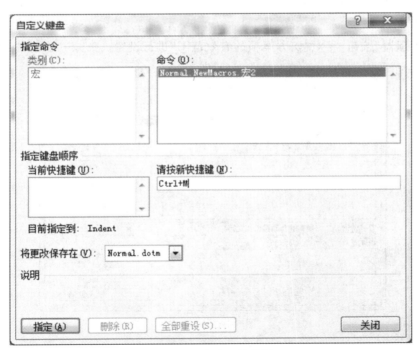

图 5-1-5　自定义快捷键

（3）完成宏的录制

通过上述选择后，即开始宏的操作内容录制。在当前 Word 中，进行一系列的操作，

217

Word会自动记录操作过程保存在"宏";录制中,可以选择"暂停录制",以便于控制录制的内容。最后,选择"视图——宏——停止录制",完成宏的录制。

3.宏的应用

在Word 2010中,选择"视图——宏——查看宏",如图5-1-6所示,按需要对已录制的宏进行各项操作应用。

(1)运行

单击"运行"按钮,当前选择的宏实施运行一遍,即完成录制在该宏中的一系列操作。它与单击"快捷工具栏"中相关的宏按钮、或在键盘上按下相关宏的快捷键,效果相同。

(2)单步执行

单击"单步执行"按钮,将在编辑宏的调试器中单步执行,此内容在后文分析。

(3)编辑

单击"编辑"按钮,打开宏的编辑器,此内容在后文分析。

(4)创建

单击"创建"按钮时:若指定了宏的新名称,则打开宏的编辑器,用编辑器创建新宏;若是已有的宏名称,则提示是否替换已有的宏,再打开宏编辑器进行编辑。

(5)删除

单击"删除"按钮,删除当前选择的宏。

(6)管理器

单击"管理器"按钮,将对"宏方案项的有效范围"进行设置。

图 5-1-6　查看宏

5.1.4　任务实施

假设,某校学生进行了一次暑期社会调查,每位同学使用Word、Excel软件进行调查报告的撰写。完成撰写后,将文档集中到相关社团,对每个文档的页眉统一指定。

◇　页眉内容：暑期社会调查报告。

◇　页眉字体：楷体，蓝色，小四号。

1. Word 与宏

根据任务要求，在 Word 2010 软件中，将页眉操作录制为宏，名称为"社会调查页眉宏"，并将其添加到"快捷访问工具栏"和快捷键"Ctrl＋M"。

（1）录制宏

◇　新建宏：选择"视图——宏——录制宏"，创建新宏，名称为"社会调查页眉宏"，如图 5-1-7 所示。设置"将宏保存在"为：所有文档（Normal. dotm），确保在当前计算机所有 Word 文档中都能使用该宏。

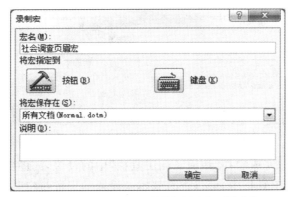

图 5-1-7　Word 中录制"社会调查页眉宏"

◇　自定义快捷键：在图 5-1-7 中，单击"键盘"按钮，打开"自定义键盘"，设置快捷键。设置快捷键为"Ctrl＋M"。

◇　录制宏：完成快捷键指定后，开始录制整个操作过程。首先，选择功能区"插入——页眉"，进行页眉编辑，输入页眉文字"暑期社会调查报告"。然后，按住键盘"Shift"键，配合方向键，选中整行页眉文字"暑期社会调查报告"；选择功能区"开始——字体"，设置字体为：楷体、蓝色、小四。最后，选择"页眉和页脚工具（设计）——关闭页眉和页脚"；选择"视图——宏——停止录制"，完成页眉的录制宏。如图 5-1-8 所示。

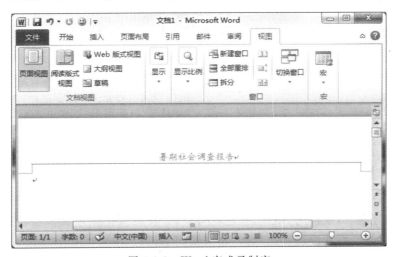

图 5-1-8　Word 完成录制宏

（2）将宏添加至"快速访问工具栏"按钮

选择功能区"文件——选项"，打开 Word 选项，如图 5-1-9 所示。将左侧宏命令列表中的"社会调查页眉宏"添加到右侧的"快速访问工具栏"列表中，并单击"修改"按钮，将本按钮的图标设置为感叹号形状"！"。

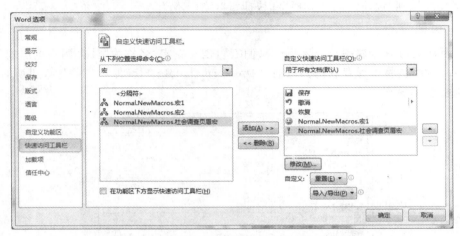

图 5-1-9　为 Word 快速访问工具栏添加宏按钮

单击"确定"按钮后，完成宏在"快捷访问工具栏"中的设置，如图 5-1-10 所示。在 Word 功能区上方的快捷访问工具栏中，可以查看到本次设置的宏按钮"！"。

图 5-1-10　添加"社会调查页眉宏"按钮后的 Word 快速访问工具栏

（3）应用宏

打开社会调查报告的 Word 文档，只要单击快捷访问工具栏的"！"按钮，或按快捷键"Ctrl＋M"，即可将文档的页眉设置为统一要求的格式，如图 5-1-11 所示。每篇文档，只需要打开后单击一个按钮，就完成了一系列操作，提高了效率、降低了错误。

> 提示：按上述方法创建宏后，即使在一篇已经设置了页眉的文档中，如果也运行当前的"社会调查页眉宏"，那么，该文档的页眉也会自动修改为宏设置的内容。

2. Excel 与宏

根据任务实施要求，为了比较实际运用效果，在 Excel 2010 软件中，也将页眉内容设置为：暑期社会调查报告；字体为：楷体，蓝色，小四号。将页眉操作录制为宏，名称为"社会调查页眉宏"，并为其设置快捷键和添加到"快捷访问工具栏"按钮。

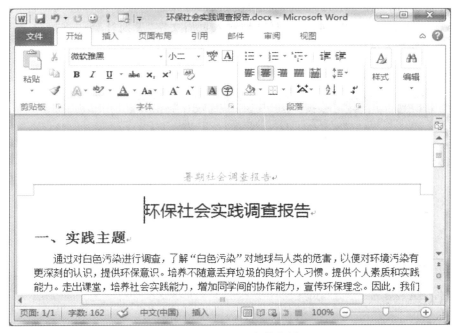

图 5-1-11　Word 宏的应用

（1）录制宏

◇　新建宏：选择"视图——宏——录制宏"，创建新宏，名称为"社会调查页眉宏"，如图 5-1-12 所示。设置"保存在"为：个人宏工作簿，确保在当前计算机所有 Excel 工作簿中都能使用该宏。

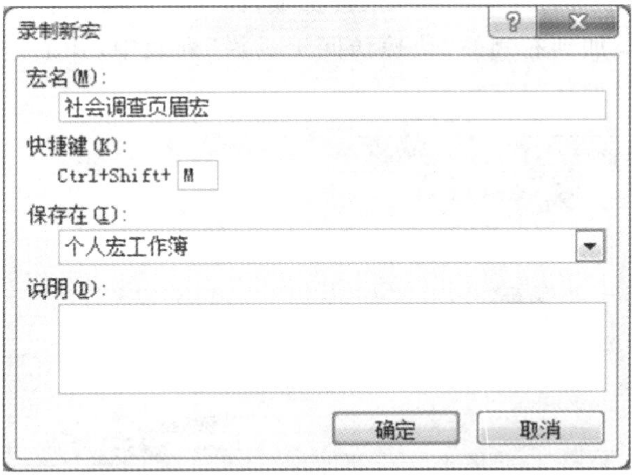

图 5-1-12　Excel 中录制"社会调查页眉宏"

> 提示：可以选择将宏保存在不同的位置（个人宏工作簿，新工作簿，当前工作簿），只有保存在"个人宏工作簿"，才能确保在当前计算机中，打开所有的 Excel 工作簿都能使用该宏。

◇　自定义快捷键：在图 5-1-12 中，设置快捷键。设置快捷键为"Ctrl＋Shift＋M"。

❖ 录制宏：单击图 5-1-12 中的"确定"按钮后，开始录制整个操作过程。首先，选择功能区"插入——页眉和页脚"，进行页眉编辑，输入页眉文字"暑期社会调查报告"。然后，选中整行页眉文字"暑期社会调查报告"；选择功能区"开始——字体"，设置字体为：楷体、蓝色、小四。最后，选择"视图——宏——停止录制"，完成页眉的录制宏。如图 5-1-13 所示。

图 5-1-13　Excel 完成录制宏

提示：在实际的录制宏的过程中，可能需要将此处的页眉内容键入"暑期社会调查报告＊＊＊＊＊＊"，后面的"＊"表示一个空格；然后再选择页眉的全部内容设置字体效果。否则，在后续的宏应用中，可能会出现无法完整显示"暑期社会调查报告"。

（2）将宏添加至"快速访问工具栏"按钮

选择功能区"文件——选项"，打开 Excel 选项，如图 5-1-14 所示。将左侧宏命令列表中的"社会调查页眉宏"添加到右侧的"快速访问工具栏"列表中，并单击"修改"按钮，将本按钮的图标设置为感叹号形状"！"。

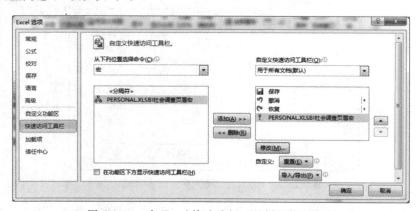

图 5-1-14　为 Excel 快速访问工具栏添加宏按钮

单击"确定"按钮后，完成宏在"快捷访问工具栏"中的设置，如图 5-1-15 所示。在 Word 功能区上方的快捷访问工具栏中，可以查看到本次设置的宏按钮"！"。

图 5-1-15　添加"社会调查页眉宏"按钮后的 Excel 快速访问工具栏

注意：在完成宏的设置后，如果关闭当前 Excel 软件时，会出现如图 5-1-16 所示的提示，此时应选择"保存"或"全部保存"按钮，确保将宏进行保存，以便在后续中正常使用。

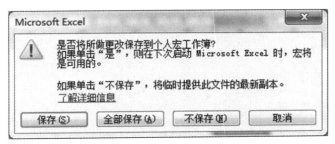

图 5-1-16　录制宏的保存

（3）应用宏

打开社会调查报告的 Excel 工作簿，选择工作表，只要单击快捷访问工具栏的"！"按钮，或按快捷键"Ctrl＋Shift＋M"，即可将所选工作表的页眉设置为统一要求的格式，如图 5-1-17 所示。每篇 Excel 工作簿，只需要打开后单击一个按钮，就完成了一系列操作，提高了效率、降低了错误。

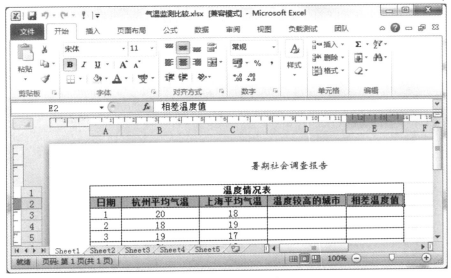

图 5-1-17　Excel 宏的应用

5.1.5 任务总结

Microsoft Office 提供了功能强大的"宏"。通过宏的使用,可以提高操作效率、降低操作错误。Word、Excel 等软件都可以使用录制宏的方法,让用户方便地掌握宏的应用。本任务中,通过分别在 Word 和 Excel 中录制两个编辑要求基本相同的宏,可以有助于掌握录制宏的相关方法及注意事项。

任务 5.2　了解 VBA 语言, 使用 VBA 编辑宏

5.2.1　任务提出

Office 宏的应用, 实现了对一系列操作的自动执行。对于已录制的宏, 当需要修改其中的个别操作时, 若进行宏的重新录制是比较麻烦的, 而且, 原本就是一系列操作的集合, 重复录制容易出现偏差。

Microsoft Office 软件套件自带提供了 VBA(Visual Basic for Application)语言编辑器, 可以对宏进行编辑修改。VBA 是 Visual Basic 语言的一个分支, 是编辑宏的常用方法。

以任务 5.1 为基础, 将其已创建的宏, 使用 VBA 编辑器进行修改编辑, 实现相关的改进需求。

5.2.2　任务分析

VBA 是基于 Visual Basic 发展而来的, 它们具有相似的语言结构, 适合初学者掌握。

相对于用 VBA 编写一个新的宏, 基于已录制的宏、进行编辑宏的方式显得更为简单、直观, 且容易实现, 又不显得编程的枯燥。根据任务 5.1 中已录制的宏, 在 Office 软件中打开 Microsoft Visual Basic for Applications 编程器, 通过模仿、修改代码, 实现 VBA 编程的快速入门。

5.2.3　相关知识与技能

VBA 是 Microsoft Office 系列的内置编程语言, 是 Office 软件的一个重要的组件, 可共享 Microsoft 各种相关的重要软件。它功能强大, 面向对象程序设计(Object Oriented Programming, OOP), 非常适合入门级学习。

当录制宏需要修改, 或不能满足用户需要或记录宏无法记录命令时, 可以使用 VBA 语言来编辑宏, 以实现各项操作。Microsoft Visual Basic for Applications 编程器是 Office 自带的 VBA 编程器。

VB 与 VBA 的主要区别: VB 用于创建标准的应用程序, VBA 是使已有的应用程序(Office)自动化; VB 具有自己的开发环境, VBA 寄生于已有的应用程序(Office); VB 开发出的应用程序可以是执行文件(*.EXE), VBA 开发的程序必须依赖于它的"父"应用程序(Office)。

1. 变量和常量

(1)变量

变量用于临时保存数据。程序运行时, 变量的数据可以改变。在 VBA 代码中可声明和使用变量来临时存储数据或对象。

◇　数据类型: 变量的数据类型控制变量允许保存何种类型的数据, 常见的数据类型如表 5-1 所示。

表 5-1　基本数据类型

数据类型	存储空间	取值范围
Boolean	取决于实现平台	True 或 False
Byte	1 个字节	0 到 255(无符号)
Char(单个字符)	2 个字节	0 到 65535(无符号)
DateTime	8 个字节	0001 年 1 月 1 日午夜 0：00：00 到 9999 年 12 月 31 日晚上 11：59：59
Double (双精度浮点型)	8 个字节	对于负值,为 $-1.79769313486231570E+308$ 到 $-4.94065645841246544E-324$; 对于正值,为 $4.94065645841246544E-324$ 到 $1.79769313486231570E+308$
Int32	4 个字节	(有符号)-2147483648 到 2147483647
Int64(长整型)	8 个字节	(有符号)-9223372036854775808 到 $9223372036854775807(9.2...E+18)$
Object(对象)	4 个字节(32 位平台上) 8 个字节(64 位平台上)	任何类型都可以存储在 Object 类型的变量中
Single	4 个字节	对于负值,为 $-3.4028235E+38$ 到 $-1.401298E-45$; 对于正值,为 $1.401298E-45$ 到 $3.4028235E+38$
String(类)	取决于实现平台	0 到大约 20 亿个 Unicode 字符

◇　变量名:变量名必须以字母开始,并且只能包含字母、数字和特定的字符,最大长度为 255 个字符。可以在一个语句中声明多个变量。

◇　变量声明与赋值:变量声明后,就可以进行赋值。

Dim FileName As String　′声明一个名为 FileName 的字符串变量

Dim a As Integer，b As Integer　′声明两个整数型变量 a、b

FileName＝"调查报告.docx"　　′给变量赋值

a＝123　　′给变量赋值

b＝123　　′给变量赋值

(2)常量

变量用来存储动态信息,静态信息可以用常量表示。声明常量并设置常量的值,使用 Const 语句。

声明常量:Const Pi As Single＝3.1415926

2.运算符

VBA 中的运算符有四种:算术运算符、比较运算符、逻辑运算符和连接运算符。

(1)算术运算符

VBA 基本算术运算符有 7 个,它们用于构建数值表达式或返回数值运算结果,各运算符的作用如表 5-2 所示。

表 5-2 算术运算符

符号	作用	示例
＋	加法	2＋3＝5
－	减法	15－12＝3
＊	乘法	3＊4＝12
/	除法	15/10＝1.5
\	整除	20\6＝3
Mod	取余数	19 Mod 5＝4
^	指数运算	2^10＝1024

（2）比较运算符

VBA 比较运算符用于构建关系表达式，返回逻辑值 True、False 或 Null（空），如表 5-3 所示。

表 5-3 比较运算符

符　号	作　用	用　　法
＜	小于	〈表达式 1〉＜〈表达式 2〉
＜＝	小于或等于	〈表达式 1〉＜＝〈表达式 2〉
＞	大于	〈表达式 1〉＞〈表达式 2〉
＞＝	大于或等于	〈表达式 1〉＞＝〈表达式 2〉
＝	等于	〈表达式 1〉＝〈表达式 2〉
＜＞	不等于	〈表达式 1〉＜＞〈表达式 2〉
Is	同引用	〈对象 1〉Is〈对象 2〉
Like	匹配于	〈字符串 1〉Like〈字符串 2〉

（3）逻辑运算符

VBA 逻辑运算符用于构建逻辑表达式，返回逻辑值 True、False 或 Null（空），如表 5-4 所示。

表 5-4 逻辑运算符

符　号	作　用	用　　法
And	与	〈表达式 1〉And〈表达式 2〉
Or	或	〈表达式 1〉Or〈表达式 2〉
Not	非	Not〈表达式〉
Xor	异或	〈表达式 1〉Xor〈表达式 2〉
Eqv	等价	〈表达式 1〉Eqv〈表达式 2〉
Imp	蕴含	〈表达式 1〉Imp〈表达式 2〉

（4）连接运算符

字符串连接运算符有两个："&"和"+"。其中"+"运算符既可用来计算数值的和，也可以用来做字符串的连接操作。不过，最好还是使用"&"运算符来做字符串的串接操作。因为"&"不仅能将字符串类型的数据进行连接，还能将数值类型的数据自动转换成字符串数据进行连接，避免因数据类型问题而导致连接出错。

（5）运算符的优先级

按优先级由高到低的次序排列的运算符如下：

括号→指数→一元减→乘法和除法→整除→取模→加法和减法→连接→比较→逻辑（And、Or、Not、Xor、Eqv、Imp）。

3. 流程控制语句

VBA 中的流程控制语句主要有五类：If 结构、Select Case 结构、For…Next 结构、Do…Loop 结构和 With 结构。

（1）If 结构

If 结构是我们最常用的一种分支语句。它符合人们通常的语言习惯和思维习惯。If 结构的基本语法如下。

 ◇ If 语句：If ＜条件＞Then ＜语句1＞［Else ＜语句2＞］
 ◇ If 块：

```
If ＜条件＞ then
＜语句组 1＞
［Else
＜语句组 2＞］
End If
```

＜条件＞是一个关系表达式或逻辑表达式。若值为真，则执行紧接在关键字 Then 后面的语句组。若＜条件＞的值为假，则执行 Else 关键字后面的语句组，然后继续执行下一个语句。If 块可以进行嵌套。

提示："［］"之间的语句是可以根据需要而省略的，"＜＞"之间的语句则是必需的、不能省略。

（2）Select Case 结构

如果条件复杂，程序需要多个分支，用 If 结构就会显得相当累赘，而且程序变得不易阅读。这时，我们可以使用 Select Case 语句来写出结构清晰的程序。

 ◇ Select Case 语法如下：

```
Select Case ＜检验表达式＞
［Case ＜比较列表＞
［＜语句组 1＞］］
…
［Case Else
```

［＜语句组 n＞]]

End Select

其中的＜检验表达式＞是任何数值或字符串表达式。

＜比较列表＞元素可以是下列几种形式之一:表达式;表达式 To 表达式;Is ＜比较操作符＞表达式。

◇　说明:

如果＜检验表达式＞与 Case 子句中的一个＜比较元素＞相匹配,则执行该子句后面的语句组。＜比较元素＞若中含有 To 关键字,则第一个表达式必须小于第二个表达式,＜检验表达式＞值介于两个表达式之间为匹配。＜比较元素＞若含有 Is 关键字,Is 代表＜检验表达式＞构成的关系表达式的值为真则匹配。

(3)For...Next 结构

For...Next 是一个循环语句。

◇　For...Next 语法形式如下:

For 循环变量＝初值 To 终值［Step 步长]

［＜语句组＞]

［Exit For

＜语句组＞]

Next［循环变量]

◇　说明:

该循环语句执行时,首先把循环变量的值设为初值,如果循环变量的值没有超过终值,则执行循环体,遇到 Next,把步长加到循环变量上,若没有超过终值,再循环,直至循环变量的值超过终止时,才结束循环,继续执行后面的语句。

步长可正、可负,为 1 时可以省略。遇到 Exit For 时,退出循环。

(4)Do...Loop 结构

Do...Loop 结构可以循环执行语句组。Do...Loop 结构有以下两种形式:

◇　形式 1:

Do［{While|Until}＜条件＞]

［＜过程语句＞]

［Exit Do]

［＜过程语句＞]

Loop

◇　形式 2:

Do［{While|Until}＜条件＞]

［＜过程语句＞]

［Exit Do]

［＜过程语句＞]

Loop

◇　说明:

上面格式中,While 和 Until 的作用正好相反。使用 While,则当<条件>为真继续循环。使用 Until,则当<条件>为真时,结束循环。

把 While 或 Until 放在 Do 子句中,则先判断后执行。把一个 While 或 Until 放在 Loop 子句中,则先执行后判断。

(5)With 结构

With 结构是 VBA 中最常见的一种结构。

在引用对象的时候,用 With 可以简化代码中对复杂对象的引用。可以用 With 语句建立一个"基本"对象,然后进一步引用这个对象上的对象、属性或方法,直至终止 With 语句。其语法形式如下:

With<对象引用>

[<语句组>]

End With

4. VBA 代码示例

在任务 5.1 中,通过录制宏的方法,在 Word 2010 中创建了宏——"社会调查页眉宏"。在 Word 2010 中,打开 Microsoft Visual Basic for Applications 即可查阅与编辑宏的代码,"社会调查页眉宏"的全部代码如下所示:

```
Sub 社会调查页眉宏()
'社会调查页眉宏
    If ActiveWindow.View.SplitSpecial <> wdPaneNone Then
        ActiveWindow.Panes(2).Close
    End If
    If ActiveWindow.ActivePane.View.Type = wdNormalView Or ActiveWindow. _
        ActivePane.View.Type = wdOutlineView Then
        ActiveWindow.ActivePane.View.Type = wdPrintView
    End If
    ActiveWindow.ActivePane.View.SeekView = wdSeekCurrentPageHeader
Selection.MoveLeft Unit: = wdCharacter, Count: = 1, Extend: = wdExtend
Selection.MoveRight Unit: = wdCharacter, Count: = 8, Extend: = wdExtend
    Selection.TypeText Text: = "暑期社会调查报告"
    Selection.HomeKey Unit: = wdLine, Extend: = wdExtend
    With Selection.Font
        .NameFarEast = "楷体"
        .NameAscii = " + 西文正文"
        .NameOther = " + 西文正文"
        .Name = "楷体"
        .Size = 12
        .Bold = False
        .Italic = False
        .Underline = wdUnderlineNone
        .UnderlineColor = wdColorAutomatic
```

```
                .StrikeThrough = False

                .DoubleStrikeThrough = False

                .Outline = False

                .Emboss = False

                .Shadow = False

                .Hidden = False

                .SmallCaps = False

                .AllCaps = False

                .Color = wdColorBlue

                .Engrave = False

                .Superscript = False

                .Subscript = False

                .Spacing = 0

                .Scaling = 100

                .Position = 0

                .Kerning = 1

                .Animation = wdAnimationNone

                .DisableCharacterSpaceGrid = False

                .EmphasisMark = wdEmphasisMarkNone

                .Ligatures = wdLigaturesNone

                .NumberSpacing = wdNumberSpacingDefault

                .NumberForm = wdNumberFormDefault

                .StylisticSet = wdStylisticSetDefault

                .ContextualAlternates = 0

        End With

        ActiveWindow.ActivePane.View.SeekView = wdSeekMainDocument

End Sub
```

上述整个代码,都是由录制宏自动生成的。代码中,Selection 表示当前选择的页眉对象。通过 With 结构,对 Selection 对象字体的字体(Font. Name)、字号(Font. Size)、颜色(Font. Color)等特征进行了详细设置。

若需要修改当前的宏,将页眉字体的颜色设置为红色,则只需:

◇ 原代码:. Color＝wdColorBlue

◇ 修改为:. Color＝wdColorRed

可见,VBA 编辑器可以与宏进行完整的配合,通过编辑宏,可以更快捷、高效、准确地实现宏的应用。

> **提示:**注释代码是什么意思？在 VBA 中,在程序行起始内容的左侧增加一个符号"'"(也就是一个英文的单引号),即可注释该行代码。代码被注释后,就不会被执行。一些解释程序的说明文字也常用注释的方式进行编写,否则程序执行时会出错。

5.2.4　任务实施

在任务 5.1 中,要求对暑期社会调查报告进行统一的页眉设置要求,使用录制宏的方法实现。页眉内容为：暑期社会调查报告；字体为：楷体，蓝色，小四号。

在当前任务中，对上述宏进行修改，要求为：

◇ 页眉内容修改为："＊＊＊＊暑期社会调查报告"，其中的"＊＊＊＊"表示当前的年份；根据当前年份，奇数年份加单下划线，偶数年份加双下划线。

◇ 页面设置：指定文档的纸张为"A5"。

◇ 字体：字体加粗；其他不变。

◇ 要求对 Word 文档和 Excel 工作簿的宏都进行相应的修改。

1. VBA 实现 Word 宏编辑

根据任务要求，在 Word 2010 软件中，选择"视图——宏——查看宏"，如图 5-2-1 所示。其中，单击"编辑"按钮，打开 Microsoft Visual Basic for Applications 编辑器，进行宏的编辑。

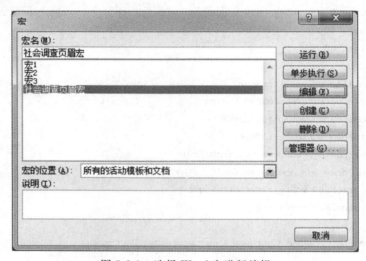

图 5-2-1 选择 Word 宏进行编辑

打开 VBA 编辑器，选择"Sub 社会调查页眉宏（）"进行程序编辑，如图 5-2-2 所示。在编辑调试过程中，单击"运行"按钮或按下"F5"键，即可运行当前宏代码，查看调试效果。

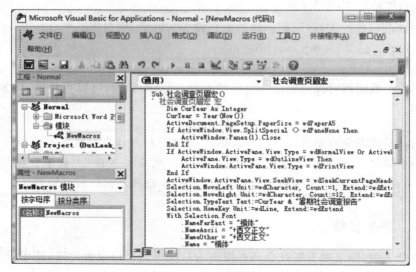

图 5-2-2 VBA 编辑器

（1）编辑页眉的年份内容

在 VBA 编辑器中，获取当前计算机的年份，并添加到页眉中。

```
  Dim CurYear As Integer
CurYear = Year(Now())
  Selection.MoveLeft Unit: = wdCharacter, Count: = 1, Extend: = wdExtend
  Selection.MoveRight Unit: = wdCharacter, Count: = 12, Extend: = wdExtend
Selection.TypeText Text: = CurYear & "暑期社会调查报告"
```

变量 CurYear 获取当前时间的 4 位数年份，Unit 表示选择的页眉文字区域，运行上述代码后，将 Selection 对象的文字内容设置为"＊＊＊＊"（4 位年份）和"暑期社会调查报告"的连接字符串，长度为 12。

（2）根据年份，设置页眉文字的下划线

按任务要求，在奇数年份对页眉文字加单下划线，在偶数年份对页眉文字加双下划线。可以采用 If 结构对年份是否为偶数进行判断，对页眉文字的下划线属性进行相应的赋值。其代码如下：

```
If CurYear Mod 2 = 0 Then
    Selection.Font.Underline = wdUnderlineDouble
Else
    Selection.Font.Underline = wdUnderlineSingle
End If
```

条件"CurYear Mod 2＝0"表示当前年份是否能整除 2，作为是否是偶数年份的判断。若条件为"True"时，将当前选择的页眉对象的下划线类型"Underline"设置为"wdUnder-lineDouble"，即为双下划线；否则，设置为"wdUnderlineSingle"，表示单下划线。

（3）指定文档的页面纸张

指定文档的页面纸张为 A5，代码只需一行：

```
ActiveDocument.PageSetup.PaperSize = wdPaperA5
```

ActiveDocument 表示当前的活动文档，通过设置其页面设置的纸张（PageSetup.PaperSize 属性）为"wdPaperA5"，即 A5 纸张。

（4）设置字体加粗

设置字体加粗，代码只需一行：

```
Selection.Font.Bold = True
```

当使用 With 结构时，可以在"Selection.Font"的 With 结构中，改写代码为：

```
.Bold = True
```

当需要对"Selection"对象的字体属性进行大量设置时，用 With 结构可减小书写量，并更便于阅读。

（5）完成宏代码的修改编辑

完成上述代码编辑后，实现了当前任务的各项修改要求。完整的代码如下（修改或新增的代码字体采用"加粗、倾斜"表示）：

```
Sub 社会调查页眉宏()
'社会调查页眉宏
Dim CurYear As Integer
    CurYear=Year(Now())
    ActiveDocument.PageSetup.PaperSize=wdPaperA5
    If ActiveWindow.View.SplitSpecial <> wdPaneNone Then
        ActiveWindow.Panes(1).Close
    End If
    If ActiveWindow.ActivePane.View.Type = wdNormalView Or ActiveWindow. _
        ActivePane.View.Type = wdOutlineView Then
        ActiveWindow.ActivePane.View.Type = wdPrintView
    End If
    ActiveWindow.ActivePane.View.SeekView = wdSeekCurrentPageHeader
    Selection.MoveLeft Unit:=wdCharacter, Count:=1, Extend:=wdExtend
    Selection.MoveRight Unit:=wdCharacter, Count:=12, Extend:=wdExtend
    Selection.TypeText Text:=CurYear & "暑期社会调查报告"
    Selection.HomeKey Unit:=wdLine, Extend:=wdExtend
    With Selection.Font
        .NameFarEast = "楷体"
        .NameAscii = "+西文正文"
        .NameOther = "+西文正文"
        .Name = "楷体"
        .Size = 12
        .Bold = True
        .Italic = False
        .Underline = wdUnderlineSingle
        .UnderlineColor = wdColorAutomatic
        .StrikeThrough = False
        .DoubleStrikeThrough = False
        .Outline = False
        .Emboss = False
        .Shadow = False
        .Hidden = False
        .SmallCaps = False
        .AllCaps = False
        .Color = wdColorBlue
        .Engrave = False
        .Superscript = False
        .Subscript = False
        .Spacing = 0
        .Scaling = 100
```

```
        . Position = 0
        . Kerning = 1
        . Animation = wdAnimationNone
        . DisableCharacterSpaceGrid = False
        . EmphasisMark = wdEmphasisMarkNone
        . Ligatures = wdLigaturesNone
        . NumberSpacing = wdNumberSpacingDefault
        . NumberForm = wdNumberFormDefault
        . StylisticSet = wdStylisticSetDefault
        . ContextualAlternates = 0
    End With
```

If CurYear Mod 2＝0 Then

　　　　Selection. Font. Underline＝wdUnderlineDouble

Else

　　　　Selection. Font. Underline＝wdUnderlineSingle

End If

```
    ActiveWindow. ActivePane. View. SeekView = wdSeekMainDocument
End Sub
```

完成上述的修改编辑后，"社会调查页眉宏"实现了新功能，但操作快捷方式和按钮均未改变。

2. VBA 实现 Excel 宏编辑

根据任务要求，在 Excel 2010 软件中，选择"视图——宏——查看宏"，如图 5-2-3 所示。其中，单击"编辑"按钮，打开 Microsoft Visual Basic for Applications 编辑器，进行宏的编辑。

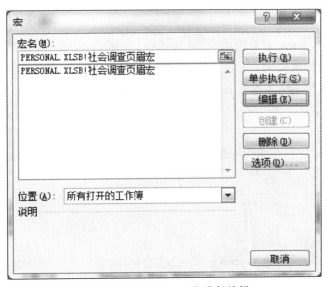

图 5-2-3　选择 Excel 宏进行编辑

但是，在单击"编辑"按钮，企图打开 VBA 编辑器时，默认状况下会弹出如下提示，如图

5-2-4 所示。

图 5-2-4　工作簿的隐藏提示

为此，需切换至 Excel 功能区的"视图"选项卡，选择"取消隐藏"命令，如图 5-2-5 所示，选择"确定"。再重新执行上述过程，打开 VBA 编辑器进行编辑。

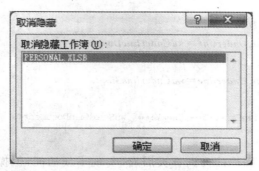

图 5-2-5　取消隐藏

> 提示：PERSONAL. XLSB 称为个人宏工作簿，是一个自动启动的 Excel 文件。它用于保存经常使用的自定义函数或宏，每次打开当前计算机 Excel 时，就可以直接使用这些宏命令。如果不是保存在 PERSONAL. XLSB 中的宏，则无法在当前计算机的所有 Excel 工作簿中使用已录制的宏命令。

（1）编辑页眉

与 Word 不同，Excel 对页眉内容、字体等编辑，几乎是在同一行代码中实现的，故此处统一修改页眉内容的相关要求："＊＊＊＊暑期社会调查报告"，其中的"＊＊＊＊"表示当前的年份；根据当前年份，奇数年份加单下划线，偶数年份加双下划线；字体加粗；其他不变。

✧ 原代码为：

```
ActiveSheet. PageSetup. CenterHeader = "&""楷体,常规""&12&K0000FF 暑期社会调查报告        "
```

✧ 修改后代码为：

```
Dim CurYear As Integer
CurYear = Year(Now())
    If CurYear Mod 2 = 0 Then
        ActiveSheet. PageSetup. CenterHeader = "&""楷体,加粗""&12&E&K0000FF" & CurYear & "暑期社
会调查报告"
    Else
        ActiveSheet. PageSetup. CenterHeader = "&""楷体,加粗""&12&U&K0000FF" & CurYear & "暑期社
```

会调查报告"

　　　　End If

　　✧　同时,注释了原代码中的"LeftHeader"、"CenterHeader"和"RightHeader"的 3 行赋值语句。注释的代码如下:

　　　　　　'.LeftHeader = ""

　　　　　　'.CenterHeader = "&""楷体,加粗""&12&U&K0000FF" & CurYear & "暑期社会调查报告　　　　　　　　　　"

　　'.RightHeader = ""

　　变量 CurYear 获取当前时间的 4 位数年份,CenterHeader 表示页眉中部区域。增加的 4 位年份内容用"& CurYear &"进行连接,"&"是连接运算符,它能将年份数字转换为字符串后,与"暑期社会调查报告"相连接。"&K0000FF"表示字体颜色,此值表示为蓝色。

　　通过 If 结构判断当前年份,以决定页眉文字的下划线类型:"&E"参数代表双下划线,"&U"参数代表单下划线。

　　"字体加粗"是通过""&""楷体,加粗""参数实现的,楷体保持不变。

　　注意:注释的 3 行代码,修正了任务 5.1 中使用录制宏的不足。结合 If 结构的处理,完整地达到了页眉的设计要求。具体效果请读者实际操作对比!

---

　　(2)指定工作表的页面纸张

　　指定文档的页面纸张为 A5,代码只需一行:

　　　　ActiveSheet. PageSetup. PaperSize＝xlPaperA5

　　ActiveSheet 表示当前选择的工作表,即活动工作表,通过设置其页面设置的纸张(PageSetup. PaperSize 属性)为"xlPaperA5",即 A5 纸张。

　　(3)完成宏代码的修改编辑

　　完成上述代码编辑后,实现了当前任务的各项修改要求。完整的代码如下(修改或新增的代码字体采用"加粗、倾斜"表示):

```
Sub 社会调查页眉宏()
'社会调查页眉宏
'快捷键: Ctrl + Shift + M
Dim CurYear As Integer
    CurYear＝Year(Now())
    ActiveWindow. View = xlPageLayoutView
    With Selection. Font
        .Color = - 65536
        .TintAndShade = 0
    End With
    Application. PrintCommunication = False
    With ActiveSheet. PageSetup
'.LeftHeader=""
        '.CenterHeader="&""楷体,加粗""&12&U&K0000FF" & CurYear & "暑期社会调查报告"
```

```
                         . RightHeader = ""
                         . LeftFooter = ""
                         . CenterFooter = ""
                         . RightFooter = ""
                         . LeftMargin = Application. InchesToPoints(0. 7)
                         . RightMargin = Application. InchesToPoints(0. 7)
                         . TopMargin = Application. InchesToPoints(0. 75)
                         . BottomMargin = Application. InchesToPoints(0. 75)
                         . HeaderMargin = Application. InchesToPoints(0. 3)
                         . FooterMargin = Application. InchesToPoints(0. 3)
                         . Zoom = 100
                         . PrintErrors = xlPrintErrorsDisplayed
                         . OddAndEvenPagesHeaderFooter = False
                         . DifferentFirstPageHeaderFooter = False
                         . ScaleWithDocHeaderFooter = True
                         . AlignMarginsHeaderFooter = True
                         . EvenPage. LeftHeader. Text = ""
                         . EvenPage. CenterHeader. Text = ""
                         . EvenPage. RightHeader. Text = ""
                         . EvenPage. LeftFooter. Text = ""
                         . EvenPage. CenterFooter. Text = ""
                         . EvenPage. RightFooter. Text = ""
                         . FirstPage. LeftHeader. Text = ""
                         . FirstPage. CenterHeader. Text = ""
                         . FirstPage. RightHeader. Text = ""
                         . FirstPage. LeftFooter. Text = ""
                         . FirstPage. CenterFooter. Text = ""
                         . FirstPage. RightFooter. Text = ""
                         . PaperSize = xlPaperA5
                     End With
                 If CurYear Mod 2 = 0 Then
                         ActiveSheet. PageSetup. CenterHeader = " & ""楷体,加粗"" & 12 & E & K0000FF" & Cur-
            Year & "暑期社会调查报告"
                         Else
                         ActiveSheet. PageSetup. CenterHeader = " & ""楷体,加粗"" & 12 & U & K0000FF" & Cur-
            Year & "暑期社会调查报告"
                         End If
                     Application. PrintCommunication = True
                     Range("E2"). Select
                 End Sub
```

完成上述的修改编辑后,"社会调查页眉宏"实现了新功能,但操作快捷方式和按钮均未改变。宏仍保存在个人宏工作簿 PERSONAL. XLSB 中。为了便于操作,建议在 PER-

SONAL. XLSB 工作簿的功能区单击"视图——隐藏",以确保该工作簿不会在平时使用 Excel 软件时打开。

> **注意:** 在使用 VBA 编辑宏命令后,默认的个人宏工作簿 PERSONAL. XLSB 处于激活状态。若不进行隐藏,在当前计算机打开任何的 Excel 文件,都会附带打开 PERSONAL. XLSB 文件,带来操作上的不便。所以,在完成 VBA 编辑后,务必将 PERSONAL. XLSB 设置为隐藏!

5.2.5　任务总结

VBA 是 Microsoft Office 内置编程语言,它是 Visual Basic 的一个分支,提供了为宏进行编辑的平台,便于初学者掌握。通过录制操作的方法可以简单地掌握,但需要修改其部分内容要求时,则可以使用 VBA 编辑器进行修改和调试。

在 Word 和 Excel 中对比使用 VBA,实现相同要求的页眉设置,比较不同的编程和使用特点。同时,以 VBA 进行宏的编辑,可以修正、改进录制宏中的某些不足或缺陷。

任务 5.3　创建 VSTO 项目，实现 Word 文档项目的二次开发

5.3.1　任务提出

Office 办公软件拥有强大的数据分析、显示和计算能力，尤其在桌面领域，已经成为了办公自动化的行业标准。虽然 Office 功能强大，但是也不可能满足各行各业的特定需求，如果能够借助于 Office 构建不同单位的个性需求，那将十分具有吸引力。不同的应用领域对 Office 有着自己的特殊要求，如何将自身特有的应用要求结合到 Office 软件中，使 Office 办公套件不仅实现通用功能，还可以实现定制需求？这就是 Office 项目的二次开发。

Microsoft 为 Office 办公套件二次开发提供了完整的平台——VSTO（Visual Studio Tools for Office）。

本任务要求以最熟悉的 Word 文档应用为例，定制一个基于 Word 文档的 VSTO 项目，实现 VSTO 的开发入门。

5.3.2　任务分析

简单地说，"基于 Word 文档的 VSTO 项目"可以将 Word 文档当作一个 Windows 应用程序的窗体，开发者可以将常见的 Windows 控件（如按钮、文本框、列表框等）添加到项目中的 Word 文档里，并为这些控件对象添加事件代码，响应用户的操作。同时，该 Word 文档也能实现 Word 软件的全部功能。最后，该项目 Word 文档可以将用户的操作结果保存，以完成普通 Word 难以实现的特定需求。

本任务以 Office 2010 为开发目标，采用 Visual Studio 2012（简称 VS2012）的 VSTO 开发模板，在 VS2012 中创建 Word 文档的 VSTO 项目，实现相关设计要求，并进行应用。

5.3.3　相关知识与技能

1. Office 开发简史

（1）VBA

Microsoft 提出的第一种 Office 开发解决方案就是 VBA，在 20 世纪 90 年代 VBA 红极一时，借助于 Visual Basic，VBA 取得了巨大的成功。但是 VBA 本身拥有很多的局限性，其语言局限于 Visual Basic，尤其是 VBA 的开发环境过于简单，缺少与时俱进的高级功能，使得 VBA 开发陷入了瓶颈。

（2）VSTO

进入 21 世纪，Microsoft 发布了. net 平台，并推出了新语言：C♯，VBA 一统 Office 开发天下的情况终于有所转变。从 Office 2003 开始，Office 正式由一个桌面办公平台转化为了桌面开发平台，微软也适时推出了 VSTO。正是由此开始，Office 开发跨入了一个新的时代，由于 VSTO 支持使用 Visual Basic 或 C♯ 两种语言进行开发，开发人员可以使用更加熟悉的语言和技术、更容易地进行 Office 开发。

（3）VBA 与 VSTO 方案比较

VBA 与 VSTO，两种开发方案的技术特征比较如表 5-5 所示。VBA 开发应用较为简单，如前文中任务 5.2 所述，通过录制宏、进行 VBA 编辑，可以快速简单地实施，但功能较为有限，只能用 VB 语言开发。VSTO 则适合于各类 Office 开发应用，它基于微软的软件专业开发平台 Visual Studio，不但可以实现 Office 文档级的开发，也可以实现 Office 程序级的开发与应用，适合范围更大，功能更强。

表 5-5　VBA 与 VSTO 的方案比较

VBA	VSTO
使用连接到特定文档并在该文档中保持的代码	使用独立于文档存储的代码（对于文档级自定义项），或使用存储于应用程序所加载程序集中的代码（对于应用程序级外接程序）
适用于 Office 对象模型和 VBA API	提供对 Office 对象模型和.NET Framework API 的访问权
设计目标：录制宏和简化的开发人员体验	设计目标：安全、更易于进行代码维护，并具有使用 Visual Studio 整体集成开发环境（IDE）的能力
适合与 Office 应用程序中非常紧密集成的解决方案	适合于 Visual Studio 和.NET Framework 的全部资源的解决方案
企业使用有一定的局限性，特别是在安全和部署方面	设计用于企业

2. VSTO 开发环境

VSTO 不像 VBA 那样是 Office 自带的组件，也不是一个单独安装的开发工具，而是微软的专业软件开发平台 Visual Studio 中的一个模块。当前主流的 Visual Studio 2008/2010/2012 开发平台中，都包含了 VSTO 开发模块。进行 VSTO 开发的软件环境主要由两部分组成：一是安装 Office 办公软件套件（建议完整安装），二是安装 Visual Studio 软件开发平台。本章的开发环境为：Office 2010＋Visual Studio 2012。

（1）Visual Studio 2012 简介

当前，Microsoft 为用户提供了 VS2012 软件的中文试用版，目前可以通过以下地址选择下载：http://www.microsoft.com/visualstudio/chs♯downloads＋d－2012－editions。与普通软件的下载安装类似，安装完成后即可启动使用，VS2012 的基本界面如图 5-3-1 所示。

与以往的 Visual Studio 开发平台类似，VS2012 作为一个集成解决方案开发平台，它支持 VB、C♯、C＋＋等多种编程语言，在包含早期版本的功能上，加入新的强大功能，更适合开发与管理各类软件工程项目。

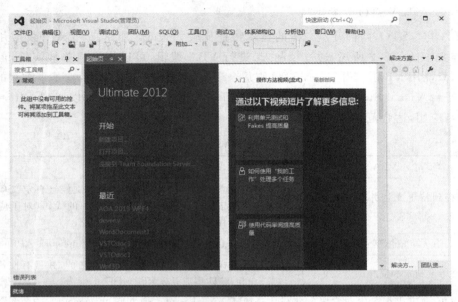

图 5-3-1　VS2012 基本界面

（2）Visual Studio 2012 之 VSTO 开发模板

启动 VS2012，选择"新建项目——已安装——模板——Visual Basic——Office——2010"，可以查看当前系统支持的所有 VSTO 开发模板，如图 5-3-2 所示。

图 5-3-2　VSTO 开发模板

VSTO 开发模板包含了 Office 主要应用程序的开发需求，特别是完整地支持 Word 和 Excel 的文档、模板、外接程序等三个层次的开发需求。

◇　文档级的定制：文档级的定制是自定义驻留在单个文档里的解决方案。VSTO 支持 Word、Excel 等文档级解决方案。在文档级解决方案中，不同文档的定制是独立的，只有在打开实施了 VSTO 定制的文档，才能在其内部应用，不同文档之间不会相互影响。

◇ 应用程序级加载项：应用程序级加载项被创建为托管代码程序集，当相关的 Office 应用程序启动时将装载应用程序级加载项。也就是说，应用程序级的 VSTO 应用，就像是为某个 Office 程序（如 Word、Excel）增加了定制功能，当 Office 程序启动时，该 VSTO 定制项就可以使用了。它对该 Office 程序的所有文档都有效。

> VSTO 应用程序级加载项可以像普通程序那样进行安装，也可以进行卸载。加载项被安装后，Office 程序就增加了定制的功能。

3. Office 对象模型

Office 对象模型，是进行 VSTO 开发的重要基础。在面向对象的开发项目中，基本的思路就是围绕对象的属性、事件和方法，开展相应的程序设计。也就是说，通过程序告诉计算机应该在什么情况下启动哪个对象、那个对象应该做什么事情、那个对象又是怎样完成事情的。通过 Office 对象的控制，即实现了用户与 Office 文档之间的交互。

（1）Word 对象模型

在 Word 中，每一个元素都可以看作是一个对象。文档、段落、图片、选择的内容，等等，都是一个对象成员。平时的文档编辑，也就是对这些对象的修改操作。对象模型是一组由 Office 应用程序提供的对象，用来控制 Office 应用程序，是 VSTO 开发的核心内容。如图 5-3-3 所示，列出了 Word 中最重要、最常用的对象：Application、Document、Range、Selection 和 Bookmark。

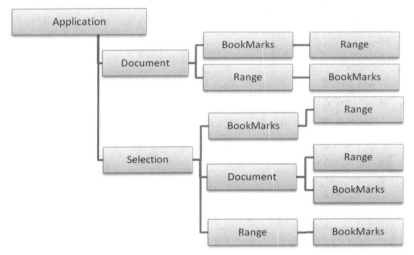

图 5-3-3　Word 基本对象模型

启动 VS2012，创建一个 Word 2010 文档项目，项目名称为"WordDocument1"，如图 5-3-4所示。在该项目中，添加一个按钮"Button1"，结合上述 Word 的基本对象模型进行说明。

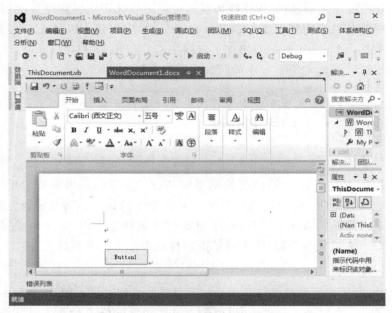

图 5-3-4　Word 文档项目界面

◇　Application 对象

Application 代表 Word 程序，而一个 Word 程序内可以包含多个 Word 文档。例如：

Application. ActiveDocument. Paragraphs(1). Range. Text＝"您好，这是 VSTO"

在 VSTO 项目中，执行上一行程序后，就能在当前的 Word 文档的第一段显示"您好，这是 VSTO"字样。

◇　Document 对象

Document 对象代表着一个 Word 文档。例如，在上一行代码后，再写如下一行代码：

MsgBox("第一段内容："＆Application. Documents(1). Paragraphs(1). Range. Text)

代码执行后，通过消息框弹出如下信息，如图 5-3-5 所示。

图 5-3-5　Word 文档项目运行效果

◇　Range 对象

Range 是一个比较特殊的对象,它几乎无处不在。它在上述两个对象的描述中已有体现。

◇　Selection 对象

Selection 代表着当前文档中被光标所选中的内容。

◇　Bookmark 对象

Bookmark 就是书签,在 Word 文档中做一个标记,方便查阅。

通过对 Word 对象模型的设置或读取,可以将文档中的内容、格式等各个元素进行编辑,为 Word 文档定制提供了全面的资源。

(2)Excel 对象模型

与 Word 类似,Excel 拥有自己的对象模型。在 Excel 中,每一个工作表、图、表、单元格,等等,也都是一个对象。如图 5-3-6 所示,其中 Application 是最顶层的对象,负责对 Office 进行整体的控制,是根对象。Workbook(s)指工作簿,Worksheet(s)指工作表,Chart(s)指各种图表。Sheets 对象包含 Worksheet 或 Chart 类型的对象,而 Range 表示需要操作的单元格范围。

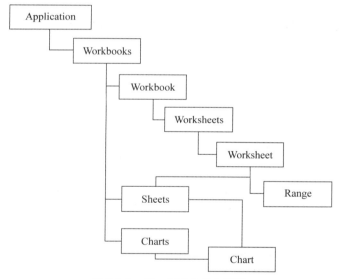

图 5-3-6　Excel 基本对象模型

启动 VS2012,创建一个 Excel 2010 工作簿项目,项目名称为"ExcelWorkbook1",如图 5-3-7 所示。在该项目中,添加一个文本框"TextBox1"、一个按钮"Button1",结合上述 Excel 的基本对象模型进行说明。

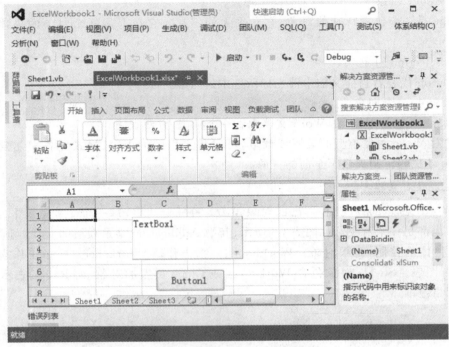

图 5-3-7　Excel 工作簿项目界面

❖　Workbook(s)对象

编写代码：

TextBox1. Text＝Application. Workbooks. Count. ToString

TextBox1. Text＋＝vbCrLf＋Application. Workbooks(2). Name

运行后，即可在 Excel 工作簿的 TextBox1 文本框中，显示两行内容：第一行显示已打开的 Excel 工作簿文件数量，第二行显示已打开的第二个工作簿的名称"ExcelWorkbook1"。如图 5-3-8 所示。

❖　Sheet(s)对象

编写代码：

TextBox1. Text＝Application. Sheets(2). Name

运行后，即可在 Excel 工作簿的 TextBox1 文本框中显示第二页工作表的名称，如"Sheet2"。

❖　Range 对象

编写代码：

Application. Sheets(1). Range("A1"). Value＝1234

运行后，即可在 Excel 当前工作簿 Sheet1 的 A1 单元格中设置内容为"1234"。

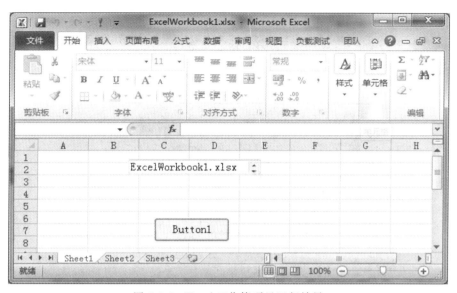

图 5-3-8　Excel 工作簿项目运行效果

5.3.4　任务实施

根据要求,定制一个名片式的个人简历。打开文档时,如图 5-3-9 所示,要求:

◇　填入姓名:按实际姓名填写。

◇　选择学历:打开学历组合框的下拉列表,选择对应的学历。

◇　选择性别:打开性别组合框的下拉列表,选择性别。

◇　出生日期:打开下拉式日历,选择出生日期。

◇　照片:单击照片位置,按照弹出的照片选择向导,确定添加的照片。

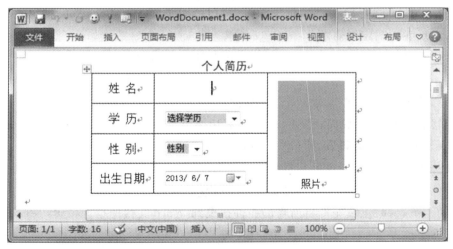

图 5-3-9　VSTO 定制的个人简历文档

完成后,上述的个人简历定制文档会自动保存为以当前填入的姓名为命名特征的Word 文档,如图 5-3-10 所示。例如,填写姓名为"张三"时,文档自动命名保存为"张三个人简历.docx"。

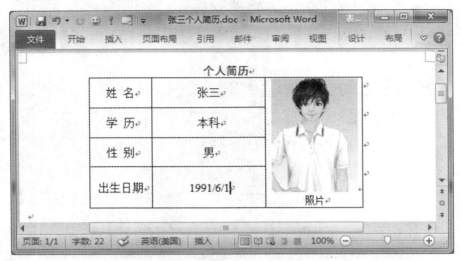

图 5-3-10　VSTO 应用完成后的个人简历文档

1. 创建个人简历 Word 文档的 VSTO 项目

启动 VS2012，新建项目，选择 Office 2010 模板，并选择 Word 2010 文档项目，项目名称按默认命名——"WordDocument1"；单击"确定"按钮，按新建项目向导的提示，完成项目创建。

> 提示：创建项目的具体过程已在本任务的"相关知识与技能"中详细介绍，请参阅。

2. 设计文档界面

在 Word 文档的 VSTO 项目中，Word 文档相对于 Windows 应用程序的窗体。我们不但可以按常规方法在 Word 文档编辑，并且还可以按要求在 Word 文档页面添加 Windows 程序控件，实现我们的定制需求。

根据任务实施要求，首先按 Word 编辑方法制作一张表格，然后，再设计添加 Windows 控件。

（1）编制表格

在项目的 Word 文档界面，将 Word 功能区切换至"插入"选项卡，选择"表格"命令绘制个人简历表。完成表格编辑后，项目界面如图 5-3-11 所示。

（2）设计添加 Windows 控件

VSTO 项目的重要功能之一就是能在 Word 文档中添加 Windows 控件对象。在项目开发界面的左侧选择"工具箱"，将所需的控件拖曳到 Word 文档的指定位置，并按要求进行设置，如图 5-3-12 所示。

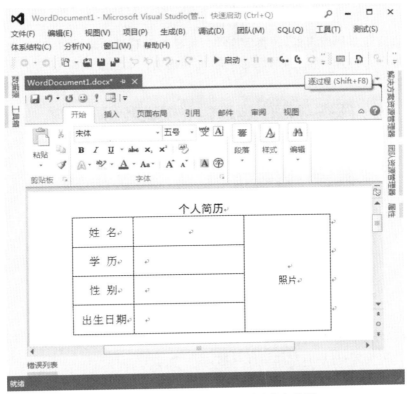

图 5-3-11 个人简历 VSTO 项目基本界面

图 5-3-12 为个人简历添加 Windows 控件对象

◇ 组合框控件 ComboBox：在组合框中，可以预设相关选项，为用户提供规范、便捷的内容选择。

例如，可以选中学历组合框，选择 VS2012 项目界面右侧的属性窗口，并在属性窗口中选择"Items（集合）"打开，将学历的预选项输入并确定。如图 5-3-13 所示。性别组合框的设置方法与此相同。

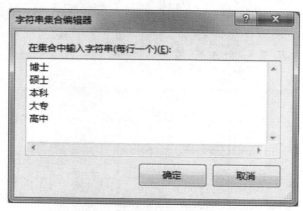

图 5-3-13　编辑学历组合框的选项

◇ 日历控件 DateTimePicker：日历控件为用户提供了日期选择界面。在程序运行时，用户单击日历控件，可以直观地选择日期。

◇ 图片框控件 PictureBox：图片框控件提供了图片加载功能。在本例中，选择指定的照片文件加载到图片框中。

◇ OpenFileDialog 控件：OpenFileDialog 可以提供打开文件的向导，让用户选择文件并加载。本例中，选择照片文件的向导即是通过 OpenFileDialog 控件实现。

> **提示**：在 VS2012 工具箱中，可以按需要选择控件添加到当前项目中；同时，选择属性窗口，通过属性设置可以为当前控件的大小、位置等各类属性进行初始设置。

3.编写代码与调试

在 VSTO 项目中，程序代码的编写与调试是整个项目的关键内容。如前文所述，采用一种熟悉的计算机编程语言（Visual Basic 或 C#），通过对 Office 对象的访问与操作，即可以实现在普通 Office 文档编辑难以实现的定制功能。

（1）选择学历

在项目界面上，选择学历组合框 ComboBox1，用鼠标双击 ComboBox1，项目将自动切换到代码编写界面。学历组合框 ComboBox1 的工作代码由下列两行组成：

```
Me.Tables(1).Cell(2,2).Range.Text = ComboBox1.Text
Me.Tables(1).Cell(2,2).Range.ParagraphFormat.Alignment = Word.WdParagraphAlignment.wdAlignParagraphCenter
```

第一行代码是将用户对学历的选择结果赋值给个人简历表格中的学历单元格。Me 代表的是当前文档，Tables（1）代表当前的个人简历表，Cell(2,2)代表简历表的第二行、第二列交叉的学历单元格，Range.Text 则表示该区域的文字内容。

第二行则指定学历单元格区域的段落对齐方式为"居中"（Word.WdParagraphAlign-ment.wdAlignParagraphCenter）。

> 提示："居中"的参数"Word.WdParagraphAlignment.wdAlignParagraphCenter"看似很长，很难记忆，其实在程序编写时非常简单；当上述设置对齐方式代码中的"＝"输入时，VS2012 的代码智能提示功能即会弹出对齐方式选择，我们只需要选取该选项就能完成该行代码了。

（2）选择性别

性别组合框是 ComboBox2，用鼠标双击 ComboBox2，编写代码如下：

```
Me.Tables(1).Cell(3, 2).Range.Text = ComboBox2.Text
Me.Tables(1).Cell(3, 2).Range.ParagraphFormat.Alignment = Word.WdAlignParagraphCenter
ParagraphCenter
```

代码的执行原理与学历选择相同。用户操作 ComboBox2 选择的性别项，自动填入到当前单元格中。

（3）选择出生日期

出生日期的选择采用了日历控件 DateTimePicker1，用鼠标双击 DateTimePicker1，编写代码如下：

```
Me.Tables(1).Cell(4, 2).Range.Text = DateTimePicker1.Value.Date
Me.Tables(1).Cell(4, 2).Range.ParagraphFormat.Alignment = Word.WdAlignParagraphCenter
ParagraphCenter
```

上述代码实现了将日历控件选择的结果加载到出生日期单元格中，并将该内容以水平居中。

（4）选择、添加照片

选择照片的代码是由图片框 PictureBox1 和打开文件向导 OpenFileDialog1 协作实现的。双击 PictureBox1，打开程序编写界面，主要代码如下（包括了注释内容）：

```
Dim FilePath As String   声明照片文件路径
  OpenFileDialog1.ShowDialog()   启动打开文件向导
  FilePath = OpenFileDialog1.FileName   获得照片文件路径
  Me.Tables(1).Cell(1, 3).Range.Text = vbCrLf + "照片"
  在照片单元格位置插入当前选择的照片
  Me.Tables.Item(1).Cell(1, 3).Range.InlineShapes.AddPicture(FilePath)
```

使用打开文件向导，可以让用户以直观的方式选择个人照片文件。上述代码将用户选择的文件路径用变量 FilePath 表示。

最后加载在照片单元格的代码，是通过对照片单元格区域的图片对象 Range.Inline-Shapes 添加图片实现的；添加图片使用 AddPicture() 函数。

> **注意**：添加的个人照片需要设置适合的大小（像素），否则会导致照片单元格的内容过大或过小。方法有两种：一是预先将照片处理成适合的像素，比如1寸110*140像素的文件；二是用编程的方法将任意大小的照片处理成指定大小。建议初学者使用第一种方法。

（5）自动保存文档

通过上述处理后，可以为该文档设计自动保存功能。主要代码（包含注释内容）：

```
Dim FileName As String    '声明保存的 Word 文档名
  Dim Num As Integer
Num = Me.Tables(1).Cell(1, 2).Range.Text.Length
  FileName = Left(Me.Tables(1).Cell(1, 2).Range.Text, Num - 2)
  FileName = "D:\" + FileName + "个人简历.docx"
  '将当前文档自动保存
  Me.SaveAs(FileName)
```

为了自动保存的文档便于识别，上述代码获取姓名单元格的内容作为文件名的一部分，也就是变量 FileName。例如，用户填写姓名为"张三"时，FileName 的内容即为"张三"；然后，通过对变量 FileName 的设置（FileName＝"D:\"＋FileName＋"个人简历.docx"），文档被保存在 D 盘下，且文件名为"张三个人简历.docx"。最后，通过子程序 SaveAs()实现保存。

可以将上述代码放置在添加照片代码的后面，使得在添加完照片后，该 VSTO 定制的 Word 文档能自动将个人简历文件进行自动保存。

> **提示**：整个程序的设计过程需要反复修改和调试。请读者参考随书光盘相关资源，可以查看更详细的编程内容。

（6）完整的代码

完成上述代码设计后，将整个代码添加在相应的位置。完整的代码如下：

```
Public Class ThisDocument
    Private Sub ComboBox1_SelectedIndexChanged(ByVal sender As System.Object, ByVal e As System.
EventArgs) Handles ComboBox1.SelectedIndexChanged
        Me.Tables(1).Cell(2, 2).Range.Text = ComboBox1.Text
            Me. Tables (1). Cell (2, 2). Range. ParagraphFormat. Alignment = Word.
WdParagraphAlignment.wdAlignParagraphCenter
        End Sub
    Private Sub ComboBox2_SelectedIndexChanged(ByVal sender As System.Object, ByVal e As System.
EventArgs) Handles ComboBox2.SelectedIndexChanged
        Me.Tables(1).Cell(3, 2).Range.Text = ComboBox2.Text
            Me. Tables (1). Cell (3, 2). Range. ParagraphFormat. Alignment = Word.
WdParagraphAlignment.wdAlignParagraphCenter
        End Sub
```

```
        Private Sub DateTimePicker1_CloseUp(ByVal sender As Object，ByVal e As System.EventArgs) Han-
dles DateTimePicker1.CloseUp
            Me.Tables(1).Cell(4，2).Range.Text = DateTimePicker1.Value.Date
                Me. Tables（1）. Cell（4，2）. Range. ParagraphFormat. Alignment = Word.
WdParagraphAlignment.wdAlignParagraphCenter
        End Sub
        Private Sub PictureBox1_Click(ByVal sender As System.Object，ByVal e As System.EventArgs)
Handles PictureBox1.Click
            Dim FilePath As String    '声明照片文件路径
            Dim FileName As String    '声明保存的 Word 文档名
            Dim Num As Integer
            Try
                OpenFileDialog1.ShowDialog()    '启动打开文件向导
                FilePath = OpenFileDialog1.FileName    '获得照片文件路径
                Me.Tables(1).Cell(1，3).Range.Text = vbCrLf + "照片"
                '在照片单元格位置插入当前选择的照片
                Me.Tables.Item(1).Cell(1，3).Range.InlineShapes.AddPicture(FilePath)
                '按用户输入的姓名单元格内容设置 Word 文档名，并指定保存在 D 盘
                Num = Me.Tables(1).Cell(1，2).Range.Text.Length
                FileName = Left(Me.Tables(1).Cell(1，2).Range.Text，Num - 2)
                FileName = "D:\" + FileName + "个人简历.docx"
                '将当前文档自动保存
                Me.SaveAs(FileName)
            Catch ex As Exception
                MsgBox(ex.Message)
            End Try
        End Sub
    End Class
```

4.应用

完成了上述界面设计和代码编写后，应用的过程是相对简单的。在本项目"WordDocu-ment1"文件夹下，可以找到"\bin\Debug"文件夹，打开 Debug 文件夹，其包含了该项目输出的主文件（相对于主程序）及其附属文件。如图 5-3-14 所示，本项目的主文件为"WordDoc-ument1.docx"。运行该文档，即可实现任务要求的各项功能。

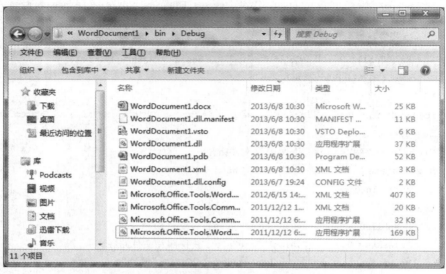

图 5-3-14　个人简历 VSTO 项目的输出内容

当需要将该项目复制到其他计算机上应用时，考虑到必要的 VSTO 运行环境，可以将 Debug 文件夹中的全部内容进行复制。完成复制后，在该计算机上运行主文件"WordDocument1. docx"，可能会首先弹出"Microsoft Office 自定义项安装程序"向导，如图 5-3-15 所示。单击"安装"，即可自动完成；之后，打开"WordDocument1. docx"文档，按设计功能进行各项操作。

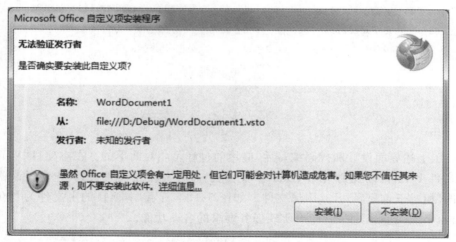

图 5-3-15　VSTO 应用程序的环境安装提示

5.3.5　任务总结

VSTO 为 Office 的定制开发提供了更全面、更强大的功能，它将 Office 与 Visual Studio 结合，可以使用 Visual Basic 或 C♯编程语言，既可以创建 Office 文档项目，也可以定制 Office 程序的自定义功能。本任务以一个较简单的 Word 文档项目为例，介绍了 VSTO 开发、应用的基本过程。由于 VSTO 开发所需的编程知识较多，适合有计算机编程经验的用户使用。

主要参考文献

[1]徐立新,李庆亮,李吉彪.大学计算机基础[M].北京:电子工业出版社,2013.

[2]赵建民.大学计算机基础[M].杭州:浙江科学技术出版社,2009.

[3]吴卿.办公软件高级应用[M].杭州:浙江大学出版社,2012.

[4]吴华,兰星.Office 2010办公软件应用标准教程[M].北京:清华大学出版社,2012.

[5]卜诚君.完全掌握Office 2010高效办公超级手册[M].北京:机械工业出版社,2011.